文具手帖

偶尔相见特刊

手账好搭档

日付

汉克等 著

花山文艺出版社

河北·石家庄

Contents

Part 01 手账好搭挡·“日付”

（美图创作秘诀、直用拼贴技巧应用术！）

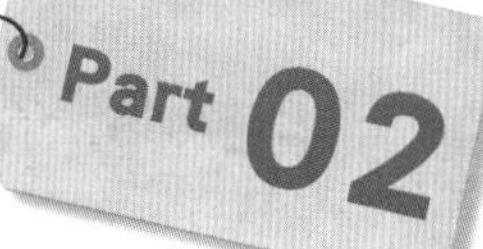

Part 02 盘点我的文具爱用品

Part 03 文具迷必须注目

lipsticks
pumpkin
portobello

Part 01

手账好搭档“日付”

（美图创作秘诀、直用拼贴技巧应用术！）

日付是什么？

“日付”就是日文的“日[illegible]”，原来只在日本流行，是手账爱[illegible]手账内容的好帮手。后来渐渐流行到亚洲地区，在华人圈大家都称之为“日付”。

1
loafers
2
red leaves
3
train tickets
S'mores
4
5
silk scarf
6
ginkgo leaf
Chestnut
lipsticks
8
9
taxi
10
beanie
11
Suede boots
pine cone
12
13
blush
Chocolate
14
Candied apple
15
Striped tee
17
Suitcase
18
Camera
19
METRO
20
sunglasses
persimmon
22
pumpkin pie
passport
PASSPORT
nail polish
24
hot coffee
25
26
handbag
27
felt hat
knitting
29
portobello
30
hot tea
31
Miss Dior
perfume
Autumn Holidays
ig @ conniegg316 fb @ atelierreves

秋天就想出去玩日付

很高兴可以再次获得文具手帖的邀请参与日付设计和手账示范。2016 年 12 月我第一次发表了日付作品，一连画了 10 个月之后就暂时休息了。所以这次再画，真的有点怀念的感觉。我将会不藏私地分享创作流程和应用技巧，希望大家会喜欢！

About Connie Au

生于中国香港，现居英国，纯自学水彩画家。现为自由工作者，为英国杂志画插画、设计菜单、定制卡片 / 画像，售卖教材画作。另外也是疯狂的手作爱好者，编织、缝纫、十字绣等全都喜欢。

日付的产出过程

Step 1：主题设定

主题就像是一把伞，要同时考虑可以放什么进去（要想 31 个共通题材其实也不容易啊）。这次的灵感来自秋季去旅行会准备的或看到的以及会吃会玩的东西。首先有行李箱、护照那些重要对象。然后是装扮类别，不知道大家会不会这样，每次旅行前已开始在买衣服饰物甚至手提包，就为了拍美美的照片，当然旅行途中也是继续买。还少不了的是疯狂买美妆产品，好像不买就不知何时才有机会的样子。另外还有当季食材或用其制作的点心，还有交通工具等。

Step 2：图片搜集

通常就是上网找参考图片。

Step 3：起稿

为了省却用电脑排列插图的步骤，我会把 A4 纸分成 35 个正方形，画完后再一素描就完成了。另外，我觉得如果画好再缩图会没有直接画小图那么可爱。

Step 4：水彩上色

这是最花时间的一个步骤，为了仔细画微小部分，很多时候都需要用最细的画笔。在我印象中 8 号的唇膏我画了一个小时啊！由于工作时间长，画的时候我都要在手掌下放一张面纸，以免弄脏画纸。

Step 5：扫描

一般家用扫描仪扫的图像素应该都够清晰，如果家里没有也可以去图书馆或印刷店！

Step 6：打印和裁剪

自己打印的话可以选用白纸、描图纸或是贴纸。后面的示范我选用了雾面透明贴纸。之前买了一把专用剪刀，不会使刀刃黏黏的，十分推荐！

完成！

日付可以这样玩

这次选用的手账本是大家都很熟识的TRAVELER'S notebook（002号方格）。这是一个我幻想出来的游记，当中使用了之前旅行收藏的票据和一直收集的纸胶带和印章。为了尽量展示这次的日付，我都当成贴纸来用。还有这次基本上没有在手账上面画画，除了一些简单的小图，尽量只是拼贴，希望对大家有参考作用！

手账装饰工具

纸胶带、印章、笔和墨水。我只选择了几种有秋天感觉的颜色，如果颜色太多会感觉很杂乱。

预备页

通常出发前我都会预备这样的一页，提醒自己要带什么、做什么，看看起飞时间、天气预报等。

Tips

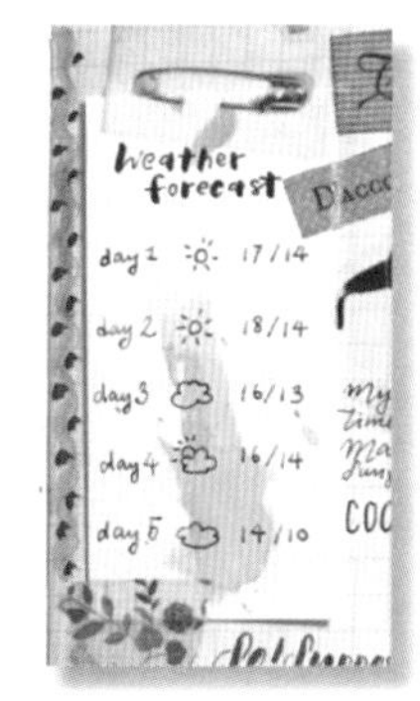

小秘诀 1：使用小卡纸

特别的信息另外贴上，就像便利贴一般，除了容易阅读外，也会使手账更立体。

Tips

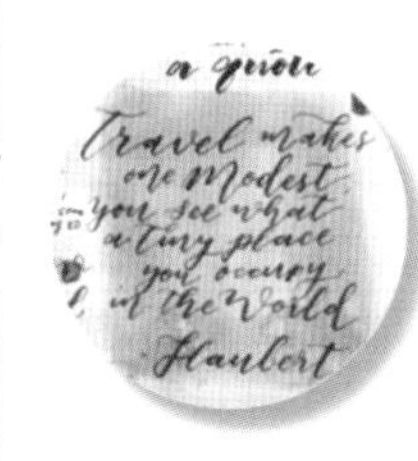

小秘诀 2：加入名言

有时候页面的空白位置不知道怎样处理，抄写一下相关题材的名言可以提升美感。

行程开始，可以介绍一下住宿的酒店，留下房卡的纸套来装饰手账。我幻想自己去看红叶，就画了颜色表，好让手账色彩丰富一点。

Tips

小秘诀 3：用纸胶带做相片角贴

我画了一幅像宝丽来的小图片，然后用几何图形的纸胶带剪成直角三角形做相角。就算后面已经贴了胶水固定也可以这样装饰啊！

Tips

小秘诀 4：标题底色

写标题时加上一点水彩底色会很可爱。有时我还会把水彩用力吹开，效果很有趣。

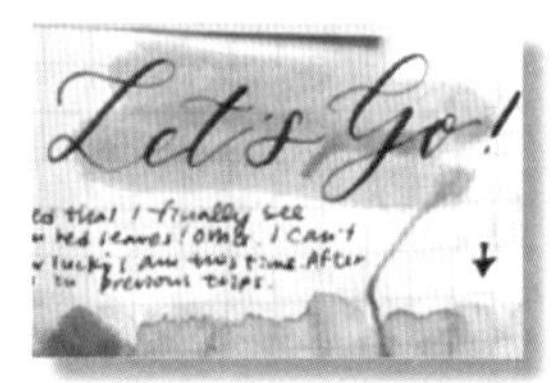

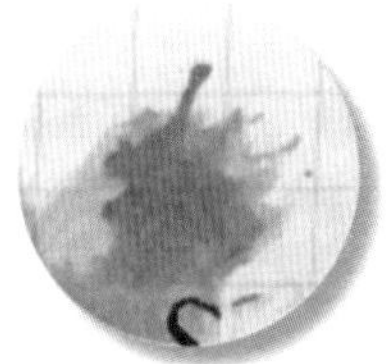

Tips

小秘诀 5：字体大小

这个不知道算不算秘诀，我总觉得字体较小和密集点会比较好看。可能可以留下多点空间去贴东西吧！

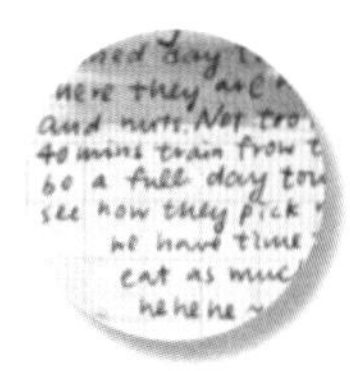

Tips

小秘诀 6：重叠交错

贴这张车票前，我在一角上了颜色，最后加了相角。其实左页的纸胶带也部分被盖住了，这样子可以令页面连贯起来。

Tips

小秘诀 7：制作水彩卡片

这里我使用了 distress stain，但用水彩效果也是一样的。不规则地涂上后也可以带一点点留白哟。

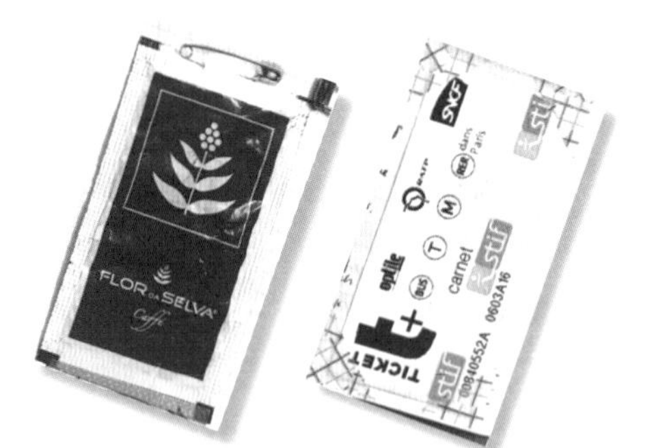

Tips

小秘诀 8：收集各种物资

车票、卡片、入场券、甚至是砂糖包装，都可以用来装饰手账！

Tips

小秘诀 9：善用字体

标题的不同层次用不同的字体表现，使整体画面更丰富多变。这里我示范了手账中的 3 种。

Tips

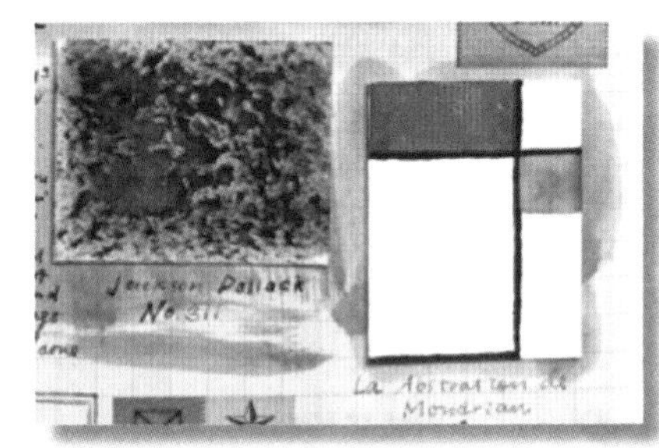

小秘诀 10： 临摹画作

带有一点笨拙感的临摹会很可爱。
现代艺术应该是最容易画的对象。

数字拼贴日付

其实日付现在也是 OURS 工作室的日常工作了！每个月一次的日付贴纸激发了我们无数灵感（也让我们绞尽脑汁），从鬼点子、喜爱的事物、自己画过的主题里重新组合思考，都是日付创作过程里好玩的部分！

这次的日付选择了和以前截然不同的设计方式来进行，我首先想到了小时候最喜欢的绘本《好饿的毛毛虫》，据我老妈说，这本绘本我逼她念了无数次给我听……绘本里颜色鲜明的笔触和拼贴手法，在现今看起来毫不逊色。

所以在这次的日付设计上，我用了厚厚的不透明水彩和剪贴报纸杂志的数字来呈现不一样的质地，也从以往的电脑扫描方式改用拍照的方式来保留纸张和颜料的细节。

这次的日付不论是用在手账拼贴或礼物包装的装饰上都有着一种有趣的颓废感，希望你们会喜欢！

About 汉克

小画家，男生，最喜欢的是花草、甜食和画画。
从手账开启了自己的画画生活。
因为喜欢画图所以努力，因为努力所以更喜欢画画，
目前还在认真学习中！
著有《汉克，我想和你学画画》一书，
目前是 OURS 工作室的小画家！
Instagram:@hanksdiary
Facebook: 每一天的手账日记

日付可以这样玩

打造双层效果

虽然设计的时候已经用拍照的方式留下了阴影层次，但是打造真正的双层效果时，不管是包装礼物当标签或是拼贴都很好用，步骤也很简单，快来一起看看吧！

HOW TO MAKE

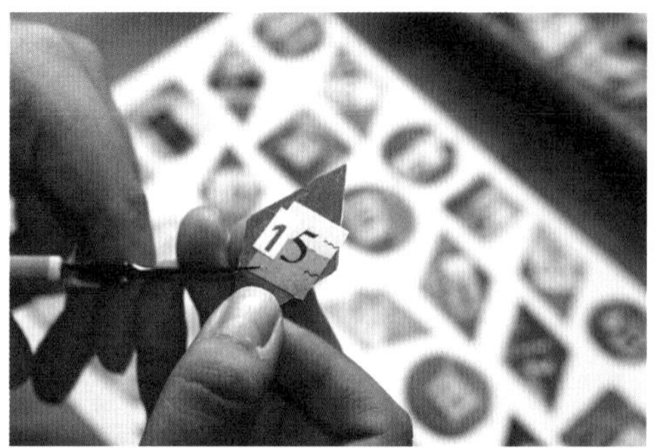

Step 1

首先需要印下两张同样的日付，然后剪下要用的日期。

Step 2 主题设定

因为要做两层拼贴，稍微观察一下后，剪下上层的凸起部分。

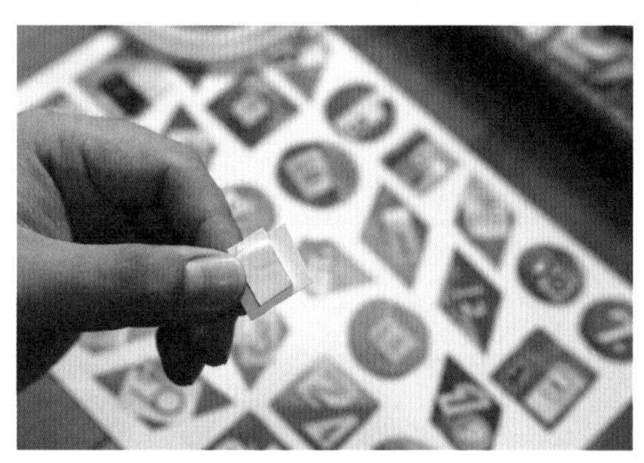

Step 3~4

用泡棉双面胶贴在上层背面，再把它贴在下层的同样位置上就完成啦！

Step 5

完成的纸片可以贴在礼物包装、手账卡片上了！剪下来的部分也别丢掉，拼贴时也可以一起使用！

19
08
20
02

20
14
3
9
No.000

制作额外的上色小纸片

这种拼贴的感觉其实一点都不难，只要使用不透明水彩和剪刀，就可以自己画一些小纸片来搭配现有的日付拼贴啦！

SIGNERS

HOW TO MAKE

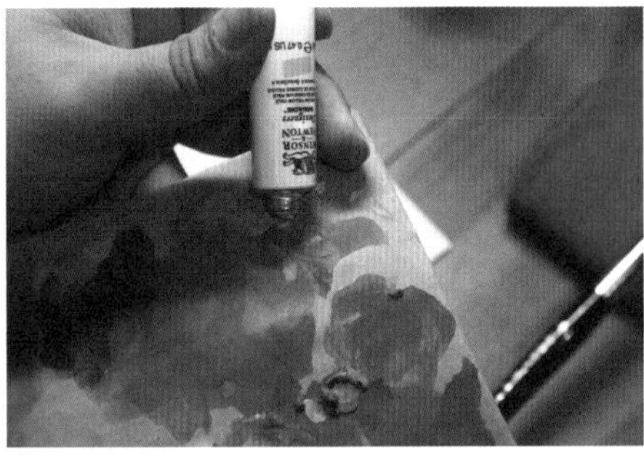

Step 1

我通常会直接挤新鲜颜料来实现这种厚厚的颜料感，直接挤少许颜料调极少量的水分在调色盘上就好。

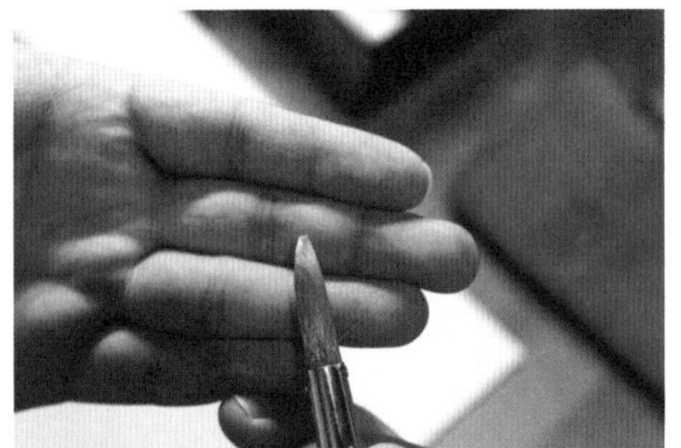

Step 2~3

直接以笔头蘸取颜料，因为不掺水的关系，蘸多一点会比较容易上色。另外也可以混一些相近色来增加层次感，最后效果会很好看。

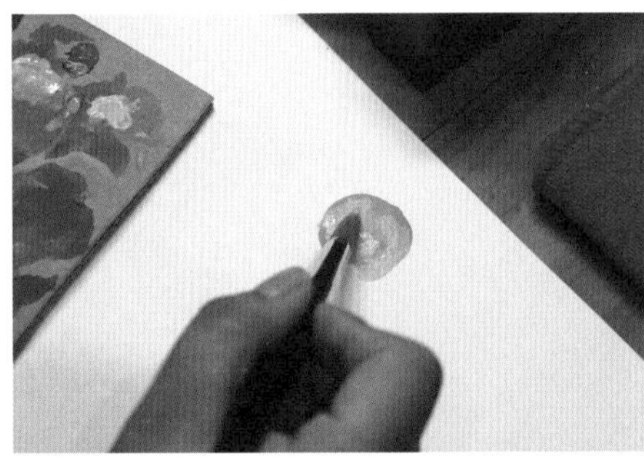

Step 4

厚厚地涂上颜色，不要紧张颜料会干得很快，再多蘸一些颜料继续。

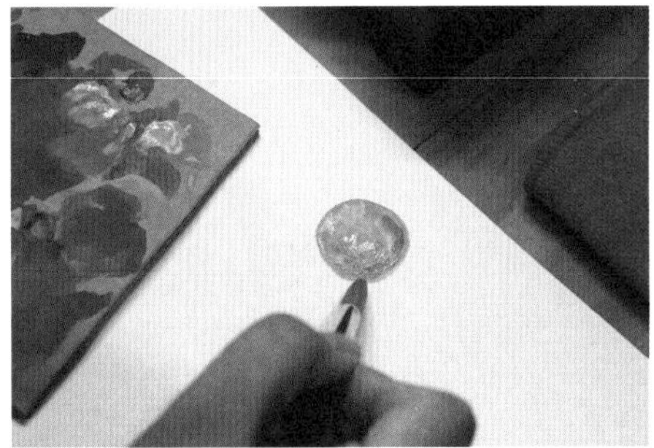

Step 5~6

可以逐渐多混些更深的颜色增加层次感，这时候不透明水彩的厚重感会慢慢显现。

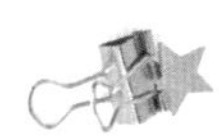

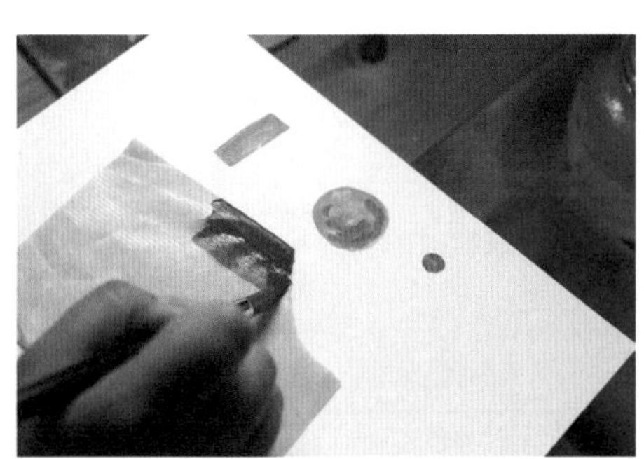

Step 7~8

你也可以用些不同的纸张和不同的颜料浓度来搭配，这些最后都会是好用的素材。

Step 9~10

裁剪没什么特别的诀窍，不过建议往内剪一点点不露白会更好看。

Step 11

最后就可以开心玩啦！自己制作的小纸片，搭配日付、剪贴剩余的素材使用都很有惊喜，多多尝试些撞色和对比色的搭配吧！

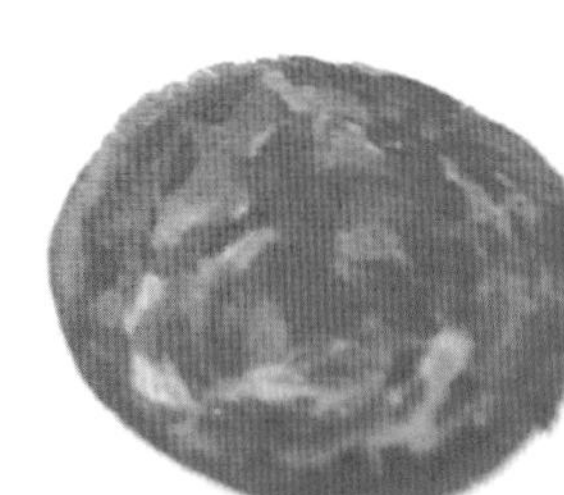

“动物男子＆动物女子”日付

加入画日付的设计行列之后，大部分的主题都围绕在花草主题上，很少有让动物们出场的机会，所以就决定在这次的特刊上重新邀请它们，而且要让它们帅帅美美地登场……

虽然是这样想的，但对于平常出门穿着都很随性的自己来说，要怎么帅帅美美，不做功课实在是不行啊！从服饰杂志到网络上的穿搭分享，经过几个礼拜都在数据中打滚的日子后，总算是完成了“动物男子＆动物女子”这个系列，除了让动物们套上自己喜欢的衣饰外，也选了几个单品作为日付的元素，算是自己很难得比较流行的设计。

About 库巴

误打误撞走上插画路的大男孩，以动物系水彩插画为出发点，近期也尝试许多不同素材与风格的创作，目标是用自己的插画描绘一座充满故事的小镇！

Instagram:bearkoopa
Facebook: 森林涂鸦本

日付可以这样玩

一般在拼贴的时候我会把素材分为三个部分——打底、主角及装饰。

打底常用的素材包含纸胶带、旧书、牛皮纸、包装纸等，基本上打底对风格的呈现影响最大，我会从拼贴的主题还有色调出发做挑选；主角，也就是我们拼贴时的视觉重点，这个位置任何物品或角色都有可能担当，而这次示范的主角当然就是“动物男子们及女子们”啦；最后的装饰是我个人偏爱的文字、卷标及边框，原因就是它们非常的百搭，几乎所有的风格都能漂亮地融入其中。

拼贴示范 1：复古风票券

HOW TO MAKE

Step 1

先挑选一张比较大的票券，这时候可以用纸胶带稍作装饰。

Step 2

第二张票券选择比较小的尺寸，颜色选择淡色让它稍从另一张票券中跳出来。票券搭配深色的小段纸胶带能表现出像是浮贴的感觉，提升拼贴呈现的手感。

Step 3

因为票券本身就已有足够的分量，所以不需要再加太多的装饰，简单地以草写文字装饰后，把主角放上去就完成了！

类似的做法范例

视画面安排，配上简单的印章以及边框也能让整体更丰富。

拼贴示范2：复古风邮票

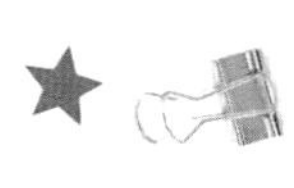

HOW TO MAKE

Step 1

用深色的造型牛皮纸打底，手撕牛皮纸时可以用不同的角度转动来撕，制造纸边样貌的多重变化。

Step 2

左边先用邮票贴纸配上邮戳转印贴纸打上第二层底。

Step 3

安排好主角的位置后，贴上蕨叶以及纸胶带作为装饰。

Step 4

最后再贴上主角！日付的数字还可以剪下来重新安排位置摆放，无论是主角的前或后都可以尝试看看，让画面更富有变化。

类似的做法范例

还可以用旧书内页撕贴来取代邮票贴纸做进一步打底，掌握素材深浅的搭配能让成品加分许多。

拼贴示范 3：缤纷色彩

HOW TO MAKE

Step 1

跟前两个示范不同的是，它不再是沉稳的复古风，而是用上了更缤纷鲜艳的色彩。选用绿与黄为主调，贴上底色及方格作为基底搭配。

Step 2

接着用文字 / 草写字的纸胶带做进一步装饰。

Step 3

安排好主角大概的位置后，先在主角身后贴上一个标签。

Step 4

主角登场！在正式贴上去之前，可以再调整一下素材彼此交叠的位置。

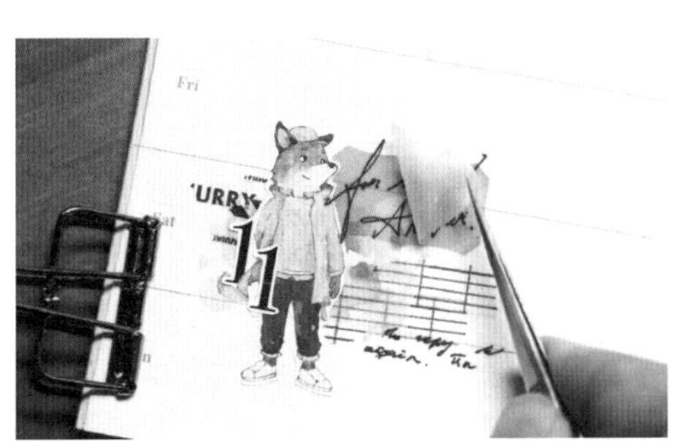

Step 5

在卷标的位置贴上草写文字转印贴纸，文字可以部分盖过主角，会有一点杂志排版的感觉。

Step 6

最后用一些色块及几何形状做修饰，完成！

类似的做法范例

以包装纸打底，同样搭配卷标加上草写文字，不同的选色下呈现的整体效果也有微妙的不同，大家可以尽量多些尝试。

hello
color
Smell Good
$
10%
10%
10%
20%
50%

Side Story

番外篇

他们这样写手账

落入手账坑

从小到大我一直都维持着记录的习惯。

但是真正专注写本本，开始和自己大量对话是在 2013 年。那年冬天朋友送我一个手账本，内容跟我以前惯用的形式略有不同，左半边是一周七天的格子，右半边是格纹空白页。在这之前我使用跨页型月记事本，其实没什么可以写很多内容的空间，换了新本后一开始其实也写得很零碎，有时也不知道要写些什么，只知道"即使是只言片语，也要把每天的想法都记录下来就对了"。然后就真的愈写愈起劲，每天就是有股欲望想把页面填满，从这一年开始我正式落入手账坑。

入坑才知道，原来手账有这么多格式，找到自己喜欢又适合的格式对持续记录非常有帮助，然后也开始了每年为自己挑选手账的神圣仪式。

这件事让我再次发现，兴趣、习惯常常是培养出来的，真的不一定是你本来就知道你喜欢这件事才去做的，很多时候是因为去做了才喜欢。而我永远不会知道下一个吸引我的兴趣是什么！

2013~2017 年的本子。

关于 Belle Shieh

一个现任平面设计师的上班族，她说："画画就是我的特殊滤镜，带我游玩世界游乐场。"

常用的画画用具：水粉颜料、马克笔、粉彩笔、彩色铅笔、马克笔专用画画本、MOLESKINE 绘图本。

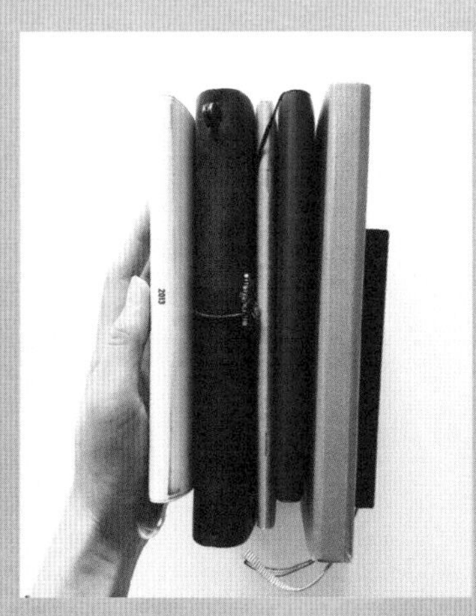

2013~2017 年的本子，由左至右为 UNIQLO 赠品、TRAVELER'S notebook、无印良品手账、灯塔手账、MOLESKINE 手账。

手账记录像一场流动的风景

写本本对我来说是记录生活的其中一种方式，当然还有其他很多很多方式，像是画画、照照片、录音、听音乐、拼贴、彩绘、搜集，甚至像 Instagram、Evernote 上的记录，任何一种你想得到的能用形式表现的思考方式对我来说都是记录，所以我一般不太会限制自己记录的方式，只取决于当下想用什么方式呈现。今天可能对下雨声很有共鸣，我就选择用录音设备录下雨声；遇到很久没见的朋友我会记得带拍立得相机；听到一首很喜欢的歌我就用尤克里里学着弹奏，每当听到那首歌就会想起那时候的回忆；繁忙的工作日程用云端笔记记下想法，报告过程也是一样，当我翻看以前的记录，会发现不同阶段其实会有不同的表现方式，记录这件事就像一条河流，随着我的人生流动，不同时期有不同风景。

我喜欢用的黑色油性色铅笔，常拿来画速写、写字。

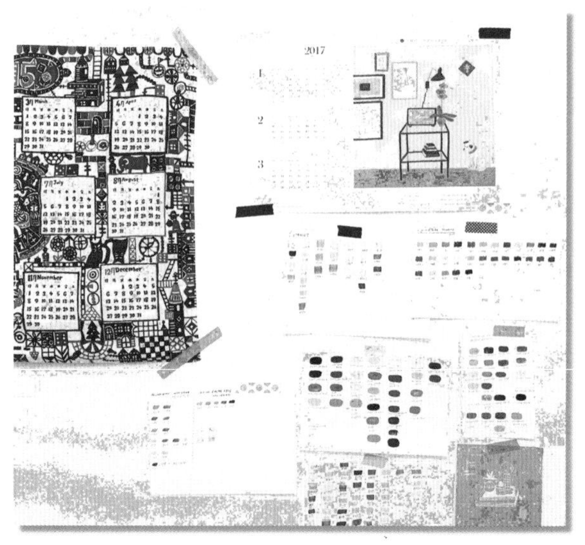

把拥有的颜色做成色卡贴在墙上，一抬起头来就能对照应用。

Viva La Vida

活在当下

创作成为我生活中的转换器，画画让我每天思考不同的组合，阳光每天照在路面上的颜色、风的温度、动物的毛流、植物的脉络、每个东西的影子、路人的小动作、同事脸上的微表情、街上的小动物、今天路面掉了几根羽毛、落叶是什么颜色……每件事都有让我想转换成画面的欲望，唯一烦恼的就是时间逼我选择，在这个时间里，我只能选择一种呈现画面。

设计思考是这样，生活好像也是这样，我们总是知道有很多选择，又贪心想都选择，但是时空只能让我们挑一个。创作让我学到此刻就只为这件事专心地活在当下。

几个我搜集素材的灵感工具和源泉

- 日常生活的吉光片羽
- 灵感剪贴簿 Pinterest
- Instagram
- 多观察其他创作者的优点（照片、书籍杂志、手作等）

捕捉生活中的吉光片羽，收藏晚霞配色。

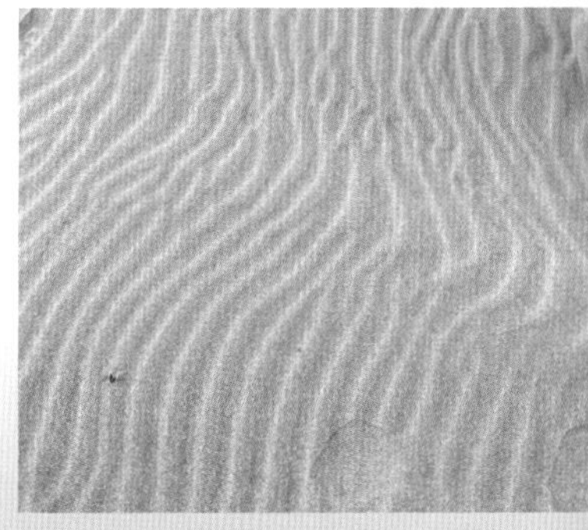

风吹过沙滩的流动线条，下次拿来画手账的分隔线吧！

晚饭后的散步时光，发现美丽的树叶剪影。

用画画记录下看影集的小片段。

别让灵感来源困住你

从每日的生活小对象、小观察开始吧！今天早餐吃的三明治、温红茶搭配的书本和一起用餐的朋友，都能成为你随手可得的素材，生活是流动的，每天都有新的体验、新的感觉，只要认真生活，专注当下，就永远有画不完的题材。

把梦也画下来吧！

先找到符合自己习惯的方式

适合每个人的画画方式可能很不一样，就先从观察自己的个性开始吧！

像我就有点懒，虽然很喜欢画，但不是每次都有耐心去准备好画画的用具，也懒得用要一直清洗的画材，所以我一开始选择了打开画笔就能画的马克笔，我还喜欢它在纸上没有笔触的平面感。

接着当你投入时就会发现有愈来愈多想尝试的画材，彩色铅笔、水彩、不透明水彩、亚克力颜料、粉彩笔、蜡笔、蘸水笔、墨水，每种画材都有不同的特性，能创造出不同的效果，这些都得等你自己尝试之后，才会发现它们各自的特色和运用之间的互动。我想就是这些过程令人兴奋吧！自由挥洒的创作，没有人限制一定要怎样或是怎么做才是对的，此刻心里没有任何批判，所有的素材都包含着无限可能，这个过程真的很开心，虽然很容易不小心买超支很多。

我特别喜欢把植物一起画进画面，我喜欢它们生机勃勃的样子。

这周突然想画些抽象幻想的花儿。

去看了爱因斯坦特展，心情很澎湃，赶快记录下来。

世界地球日画一张画，这是给我们地球妈妈的信。

画画生活周志，每周一篇的画画频率很符合自己现在的生活步调。

把旅行中的男友照片也画下来，好像回忆也可以通过画面穿越。

蓝色是最温暖的颜色。

把遇到的燕子一家画下来。

简便的快速风格养成法

不管在哪个领域，一致性常常就是风格的基准，如何具有一致性呢？颜色就是最直接明确的表现，而要快速地达到这个效果就要“限制自己的用色数量”。

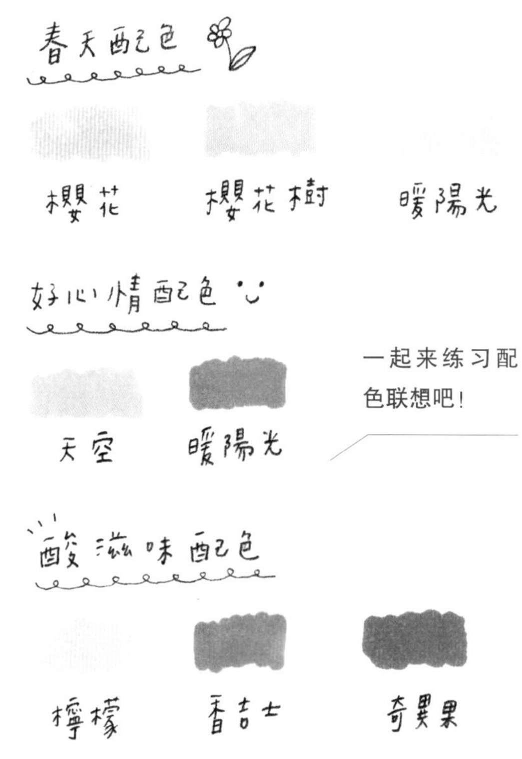

一起来练习配色联想吧！

练习用色

我会先从一种颜色画开始练习，从中观察事物的形状。画面的明暗对比，其实很像素描但又刻意舍弃光影透视的法则，也舍弃一些细节或是创造一种错觉，一切都为了感觉而创作，我真的很喜欢这样的游戏。然后接着练习两种颜色的配色，例如选择一个喜欢但是不太深的颜色配一支黑笔就可以开始画，快拿纸跟笔出来吧！等更加熟练时就可以慢慢进阶，多增加一些颜色的搭配。

配色游戏

我常用的几种配色方法：

- 春夏秋冬配色法
- 情绪（喜怒哀乐）配色法
- 酸甜苦辣配色法
- 照片选色法

（以上是我归纳自己配色时会用的思考方式，命名都是我乱取的，如有雷同纯属巧合，哈哈）

这周想玩的配色游戏。

春夏秋冬配色法

我会想想春天会有什么对象呢？樱花（粉红色）、樱花树叶（绿色）、很多花（粉嫩色系）、温暖的阳光（黄色）。由这个联想练习春天，我可能就会挑出粉红色、翠绿色和黄色这三个颜色为主的颜色。

情绪（喜怒哀乐）配色法

这跟春夏秋冬一样都是用联想的方式，但是这次多增加了一些感觉的元素。例如今天看到很明亮的天空感觉很开心（天空蓝）、晒着太阳觉得暖暖的（橘色），这里我就配了天空蓝跟橘色。

酸甜苦辣配色法

如果你前面跟着练习几次，我想你已经开始可以找到感觉了，我们来想想“酸”，柠檬(黄色)、橘子（橘色）、奇异果（绿色），柠檬黄加奇异果绿。秘诀就是先想想这个主题有什么对象，然后再想这些对象是由什么颜色构成，从中挑选有限制的几个配色。上述这些联想可以先牛刀小试一下，还有好多种想象方式等着你去发现。

照片选色法

挑一张喜欢的照片，然后选 2 ～ 3 个画面中的颜色来配色。

感觉，去感觉吧！

写实的画需要敏锐的观察力，注入风格的画除了多观察之外，还需要一些观点——你的感觉，可能就是一种别人没发现但是同样有感觉的观点。

MINI 六孔尺寸，黑橘包装设计，设计感极佳，补充内页皆为单本设计，可以独立书写，也可以撕下并入手账本，每个细节都呼应着品牌概念，让人爱不释手。

PLOTTER

活页式手账内页新品牌

我对手账本非常热爱，各种形式的都尝试过，唯有活页式手账本让我总是停留在买了外皮却没有内页的窘境。日本曾经非常流行 MINI 六孔的手账本，内页选择也多元化，但是总是有种太过商务、少了一点个人风格的感觉，虽然有 MIDORI 品牌的 OJISAN 一直坚持岗位，但迟迟没有让我满意的内页品牌。本来已经购入精品 L 牌的官方手账内页，却让我大失所望，虽然贵为精品，但实在太不精致，就转送给友人，以至于迟迟没能把 L 牌的手账本拿出来用，直到 PLOTTER 出现！

PLOTTER 是日本知名文具品牌 MIDORI 的母公司 Designphil Inc. 于 2017 年推出的新手账品牌，主打活页型内页，代表色是橘色和黑色，有点像法国精品品牌的感觉，走的是知性、设计风的主轴设计。品牌 Slogan 为“For people with the imagination to create the future”（给用想象力创造未来的人们），我在杂志上看到之后，就赶快上网订购。

目前市面上活页型手账的内页其实不算少，但真正让我觉得合用的却很少，不是纸张太白，就是设计不够令人惊艳，印刷不够细腻。基本上 Designphil Inc. 推出的纸张都不会让人失望，PLOTTER 使用专属的“DP 用纸”（Designphil Pocketbook 用纸的简称）印刷制作，是专门为了手账产品而推出的纸张，特点是轻薄不易破，适合各式笔具。

其实早在 PLOTTER 推出之前，Designphil Inc. 就有另外一个手账品牌 Knoxbrain，皮革小物选择多，内页风格偏商务用途，虽然质量也不错，但就是不吸引我。不过仔细观察还是不难发现两个品牌的共通点，像手账本外皮就有一模一样的设计，只是材质不同。但是在内页设计上就会发现 PLOTTER 完整呈现了其品牌理念，所以非常着重企划和项目使用的细节上。

我购入的是 MINI 六孔尺寸的周计划和其他内页（项目管理分隔页、空白页、线条页、方格页及 To do list），还有配件，都呈现一种高质量的精致感。

周记事是两页一周的形式，一边是周记事，一边是备忘录页。用了很多种形式的手账之后，我个人认为这一种最实用，周记事部分也有时间轴设计，但是我没有很认真地用，在 12 点的位置有一个分隔线，分隔为上午和下午的行事历，但是我的用法是前半部分为当日重要行程，后半部分则是特定时间的约会行程，如果有小孩的行程，就写上小孩的名字标注。右边的备忘录页则是用来微记账或是写一行日记；上班的人可以左页记工作行程，右页记私人行程，或是当作一般笔记使用，都很方便。纸张上有非常浅的方格印刷，可以拿来当作画图表的基准，因为颜色很淡，也不会妨碍书写。超级迷你的天气图标部分就算不做任何记录，也很可爱。

因为本体的设计很简洁，所以非常适合搭配各式纸胶带、手账贴和色笔。超细纸胶带非常适合用于 PLOTTER 内页，虽然我不太会使用纸胶带，但是它的内页很适合使用 4mm 的窄幅纸胶带，因为纸张上的方格宽度是 2mm，所以 4mm 的窄幅可以很整齐地对齐网格线，看起来非常整齐漂亮。搭配可爱的手账贴纸，马上就从有气质变成有趣味了（特别推荐九达的芝麻小事纸胶带手账贴，有着纸胶带的质感，贴上后非常服帖）。

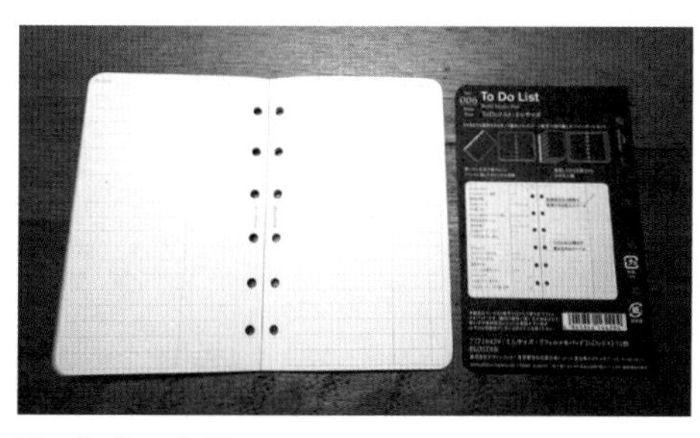

To do list 内页。

关于 Denya

逛文具店比逛市场多，买文具比买菜频繁，秉持着“爱文具的孩子不会变坏”的教育理念陪伴小孩长大的全职主妇。

PLOTTER 纸张虽然薄，但就算是使用 Pentel sign pen（派通签字笔）这一类的水性笔写字也不会透过去，完全没有一般水性笔容易洇透纸的困扰，光是这一点就完胜很多手账用纸了！

除了月记事和周记事这种日程安排内页是单张呈现以外，其他内页都是单本设计，也就是说你可以当作笔记本撰写，再撕下来并入手账本，我觉得这样的好处是书写的时候不会被活页式手账本中的铁圈妨碍，也可以更自在地做笔记，不用担心太靠边写不到，或是太用力弄破纸张。纸张的圆角设计也让人感到贴心；淡橘色和灰色的印刷线条，清楚却不会过度抢眼。

其中最创新的是项目管理分册夹，能够把特定内容的笔记页集中包裹起来，具有索引贴的功能，确保有更多的隐秘性和整齐性，完全符合项目管理的功能设计，需要在外人面前打开手账的时候，不想分享或是不能曝光的内容就不会被看到。想到这个设计的人，简直是天才啊！

其他配件，像是分隔板上也有一些艺术字体和名人座右铭的字样，或是设计师需要知道的字体大小、角度和长度信息，根据购入尺寸的不同有不一样的设计。若是购买 A5 尺寸大小的，还有一款可以延展摊开成 A4 尺寸的内页，也非常实用。对如果不需要随身携带，而是要当作工作笔记的人来说，A5 毋庸置疑是最适合入手的尺寸。

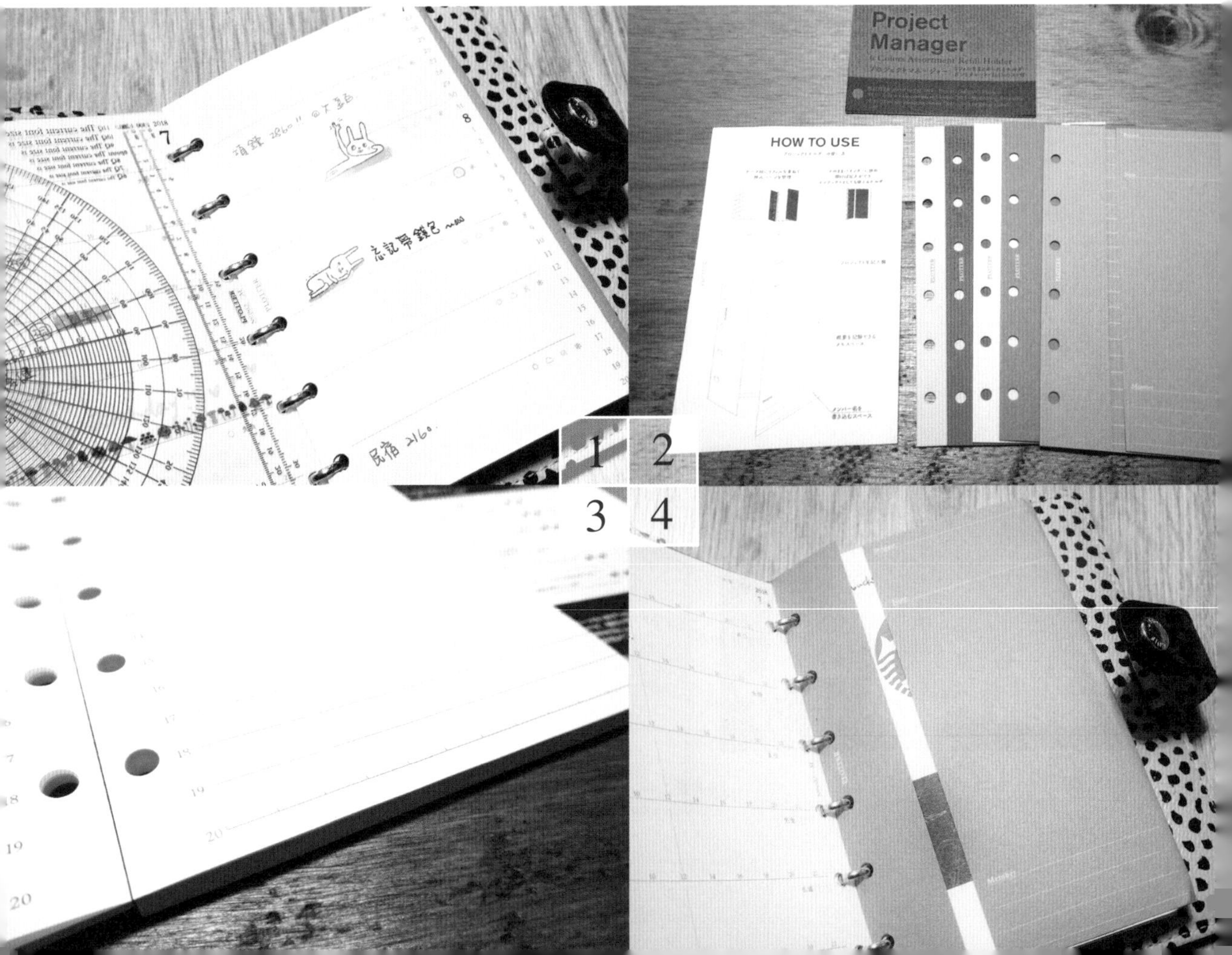

1 2
3 4

PLOTTER 每个小细节都呈现出品牌理念，非常用心。尽管质感很优，价格却并不走高单价路线，我个人认为性价比很高，很容易入手。喜欢自由度高一点的手账使用者，PLOTTER 的设计绝对会让你重新爱上活页型手账本，重回活页式手账本的怀抱。

1. 使用手账贴纸，增加趣味性，简单的内页设计反而让使用者能够发挥自己的创意，呈现自己的特色（图中为九达文具的手账贴）。
2. 项目管理册内页。
3. 横线内页。
4. 项目管理册内页是 PLOTTER 最特别的内页设计，能够将相关的笔记内页包裹在一个分册档案夹中，不容易被看到内容，有高度的隐秘性。
5. 4mm 窄幅纸胶带。
6. 运用 4mm 窄幅纸胶带，可以轻易对齐 2mm 的方格印刷底线；Sign pen 标记旅游计划，笔迹不会透纸。
7. 分隔板上有不同的字体，英文书法写法参考，不同尺寸的分隔板有不同的设计，极具巧思，也是在强调品牌就是设计给创意者的使用理念。
8. 我的手账周边配件，不太会画图的我只好用贴纸来补足可爱的感觉，KITTA 纸胶带很适合临时要粘贴东西或是小备忘，3M 和大创的便利贴都是容易购得的补充小物。

Part 02

盘点我的文具爱用品

文具品种及品牌数不胜数，

哪些是使用者的心头好、甚至想使用一辈子的品种?

就让文具爱好者好好分享他们喜爱的理由和使用的方式。

喜爱文具从此不再只是盲从。

就是爱分享阵容

灵感的来源与支柱：Patrick 的文具爱用品

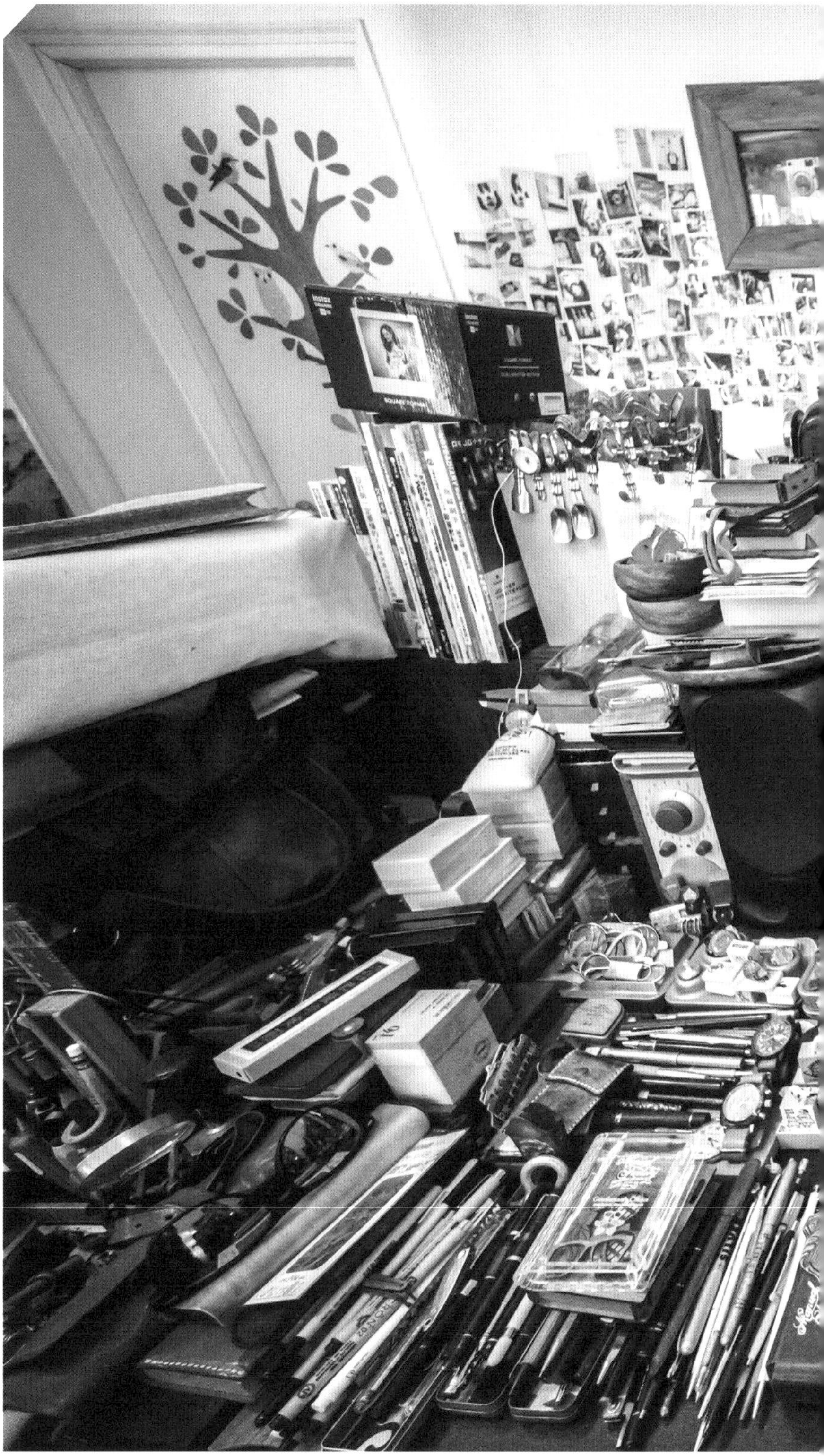

About
Patrick

从事全球文具采购工作 15 年，热爱钻研产品与零售店的品牌真实感及设计美学，非正式 TRAVELER'S notebook 品牌大使，Chronodex 创作者，现任 city'super/LOG-ON 概念与营销经理。

随手可得，未发现早已拥有，然后就忘记她的存在，成为众多可能性的又一个过客。你怎样处置她我不过问，但我已不能这样活下去。

走遍各地生活文具店，精力都放在要找到我能欣赏的她。这个她，我知道她存在于概念之间，用什么形态出现还未知。潦倒的六月夏，背着一大堆事务走进避世小店，在玻璃柜前未静下来的心突然平静。什么？是她？已经是多年前碰上，欣赏了然后放下，怎么今天兴奋莫名，甚至期待重遇。七月夏，引力驱使我重返小店，约会了，交流了，亲昵了，不能自制地决定了。

你选了她，别忘记她也选了你。关系升华，爱到她成为你生命的一部分和灵感的来源与支柱，让你发现自己未见的面貌，勇敢去设计未来分享成果。

爱用品特质：能谦卑地爱得透彻，引发自我对话与升华，才值得拥有。

Patrick

1

案头：生命中投入时间最多的地方

喜爱收集不同类型的夹子，没有统一摆放的地方，随处夹着不同的东西。就像每个口袋都有零钱一样，需要时很快找到，也能引发意想不到的惊喜。

1

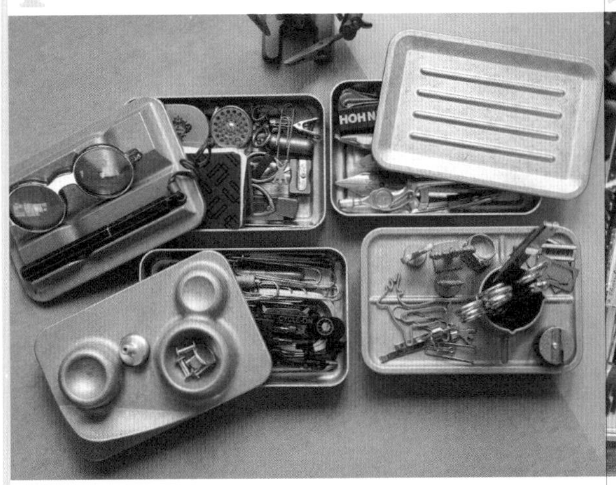

不常用的东西，例如圆规、扣针、拉尺及交通卡等，利用蛋造型设计的Landscape收纳真的很方便又有型，名副其实缔造美好的桌上风景。

2

最怕把东西收纳入柜，容易忘掉也难找到。虽然封尘在所难免，我仍选择用很多的盘子开放式存放常用品。

像连环船一样，夹子夹着盘子紧紧扣在一起，不易移位，而且当盘子容量饱和时，升高了的夹子更起到缓冲作用。

4

选择Landscape当然亦因为我喜欢开放式收纳。每个盒子分类收纳，相关的常用品就放在上面，例如剪刀、裁纸刀及削笔器等同类切割工具都放在一起，方便拾取。

Patrick

2

中枢系统：从这中心点出发，规划未来、回顾以往、享受现在

这就是我生活的中枢系统，以TRAVELER'S notebook作为中心，利用自我开发的Chronodex规划时间，处理待办事项，分别使用不同的内页做绘图设计、会议记录及意念捕获。也常携带不少周边配件及文书工具，简直就是一把Swiss Army Knife（瑞士军刀）。

1

Chronodex的TN（旅人手账）周间版及GTD日程版是免费下载的，每六个月更新一次，而每次打印出来后我都会雀跃地制作封面，为未来六个月增添新鲜与期待感。

2

当繁忙程度高时，Chronodex周间版不能尽录所有待办事项，我就会用到Chronodex GTD日程版。左边记录与时间有关的事项，右边则以GTD模式处理待办事项。这格式亦加插了Today's Focus分段，提醒自己今天最重要的目标，也有Gratitude Note分段，让自己记下每天最值得庆幸的事情。

3

一般的手账都把时间轴跟书写位置混合在同一空间，Chronodex的特色是把时间轴转化成钟面一样的中心，书写位置则放在外围任何未使用的空间，不浪费纸张而且提倡发散思维，更加可以在未使用的空间发挥创意绘画插画。

4

我一般都只会用铅笔把约会的时段根据重要程度打上阴影，普通的打一层，重要的打两层，非常重要的打三层。若想增添视觉效果加强记忆，不妨使用颜色突出重要事项。一周过去也可使用填色方法回顾经历，例如我会把迫不得已要做的事情填上红色，爱做的事填上蓝或绿色，那样很快会意识到你的生命是谁主宰了。

5

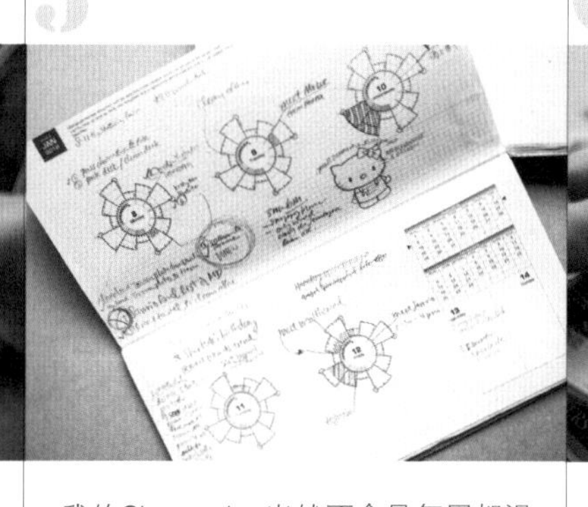

我的Chronodex当然不会是每周都视觉精彩，人忙到尽头自然会崩溃至放空，不管理也是一种管理。

6

这是我的会议记录及意念捕获手账内页，遇到漂亮的标签贴纸或印章我都会考虑贴在封面或封底，所以每本内页都有不同的外观与故事，闲来翻阅回味无穷。

7

会议记录及意念捕获的方法对我来说都是如出一辙，多年来的自我训练已经能capture（获取），organise（组织）和visualize（形象化）同时进行，脑图是我常用的方法。TN内页我都会横向使用，感觉比较自然，因为脑图的中心左右方都会有更多位置顺势分支。

8

最喜爱用TN的轻量纸，每本128页之多足可以携带着几个月前的会议记录，随时翻阅其他人已经忘掉的事情，而且纸质虽薄但坚韧度连水彩、钢笔墨水都达到了可接受的程度。

这是我的DIY绘图设计内页，封面是用硬身pressboard（纸板）方便独立使用，中间的纸是随意拿废纸裁剪成TN内页尺寸。

10

最爱用自动铅笔做笔记或绘图设计，我虽然很爱rOtring的技术外形，却又欣赏Postalco的Channel Point原子笔款式及设计概念，于是我就把rOtring的自动铅笔笔芯改装至适合放进Postalco Channel Point，现已成为我最常用的笔之一。

11

PILOT的Capless是非常方便的墨水钢笔，一按即用，但我真的觉得它很丑。无论以往出过的款式有多讨好，我都无法接受它天生奇怪的外形。在我有能力帮它“整容”之前只好偶尔替它粉饰一下，这支笔曾经是哑光黑色，久用成了露铜，然后被喷成枪铁色，现在的它是铜铁斑马色。

12

铜铁斑马色的PILOT Capless我一般都会配用Platinum的Carbon ink。因为Carbon ink的黑色特别浓而且防水，在绘图上后期制作加水彩颜色有很强烈的对比。

13

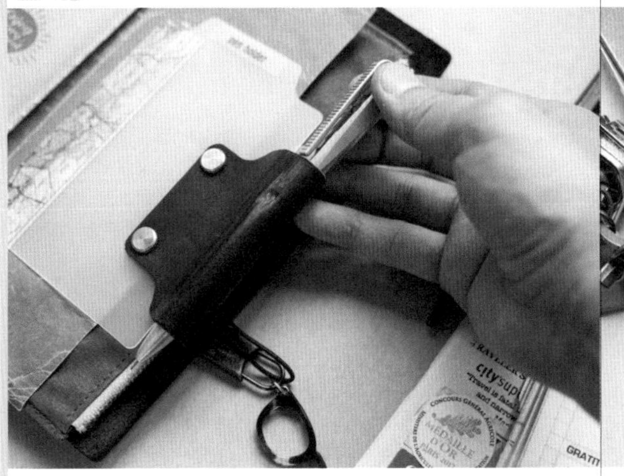

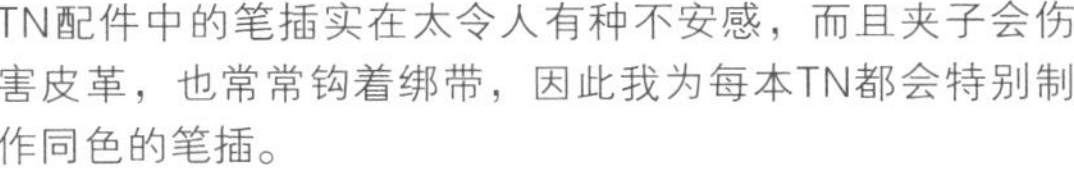

TN配件中的笔插实在太令人有种不安感，而且夹子会伤害皮革，也常常钩着绑带，因此我为每本TN都会特别制作同色的笔插。

14

这几年开始明白有“阅读辅助”的需要，黄色夹片式的放大镜能使我在强烈白光照射下阅读不刺眼，超小型显微镜是工作需要也是好奇到处找有趣事物的玩意儿，至于夹戴式的那个应该算是老花镜吧！

Patrick

3

手艺：展现心思的小秘诀

中学时期我已经迷上了蜡封章，总是觉得经过蜡封的不是密函就是儿女私情，引人入胜。当时尚未流行复古手工艺，没有相关平民化商品，现在可以像选糖果一样挑蜡色，把一份普通的小礼物变成密函，内藏机械打字机编写的密码诗词，收到这礼物的人都不舍得拆开，会问怎样可以保存外观，好玩。我没有疯狂收集印章，但很开心能收到朋友细心挑选送的，会轮流使用。

1

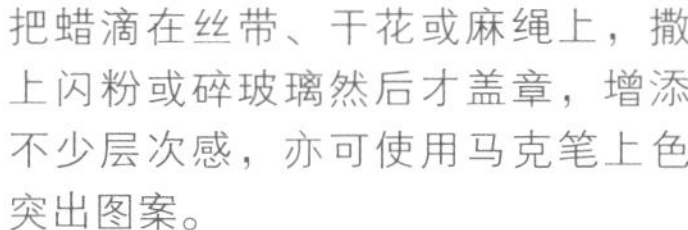

把蜡滴在丝带、干花或麻绳上，撒上闪粉或碎玻璃然后才盖章，增添不少层次感，亦可使用马克笔上色突出图案。

2

在未找到自己很称心的工具前，不妨自制。这用铁线弯曲成的“免提”以最小的物质制作，减低自我吸热，又可任意调校角度，自娱也。

3

想预先制作蜡封章待适时使用，可选用较柔软的胶质蜡，把蜡滴在光滑面或蜡纸上，盖章冷却后便容易脱落取下，日后只需加点胶水粘在小礼物上便可。

4

这个小小的皮革旅行箱是用薄猪皮制成的样板，因为生产成本太高所以最终没有量产，韩国厂家见我在工厂中依依不舍地看着，最终决定卖给我。外面的PU贴纸和肩带都是我后来加上去的。

5

每次到外地参与TN活动时，我都会用到这个皮革旅行箱，里面放着TN过往的特别印章和我自制的印章，还会按需要摆放不同的印台和围裙。

Patrick

4

外出包里必备的文具用品

除了配上Woggle的手帕和Freitag包包会被更换以外，我几乎每天都带着所有这些爱用品／必需品。携带一个包包，公司太吵可以去咖啡店工作，飞机上无聊可以写手账调整日程，街上突然看到美景可以拍照。期望数年后最重的相机与计算机可以重量减半，那我就可以携着包包跑步了。

1

Royal Talens的Rembrandt水彩砖，Caran d'Ache的科学毛笔，卡带造型的糖果盒用作放置更多的水彩砖。

2

Hello Lumio的小型LED灯，兼具移动电源功能，DIY改装成皮革书脊。

3

DIY笔袋，部分笔可外露方便提取。

4

HUNTER铜制卡尺。

5

钥匙扣除了放置钥匙以外，亦是收藏小工具的好帮手。这里有USB内存、显微镜和朋友改装的瑞士军刀。

6

iPhoneX，机壳包含鱼眼镜、广角镜及微距镜，Shure SE535耳机。

7

由左至右：Messograf卡尺自动铅笔0.7mm，Y-Studio露铜自动铅笔2.0mm，Pentel Orenz自动铅笔0.2mm，Pilot Capless DIY铜铁斑马色钢笔F尖，Kaweco SUPRA钢笔EF尖。

不是闷

依场景更换选择：不是闷的文具爱用品

About
不是闷

住在新西兰的“孤独”手账发烧友。
身边没有同好，故而在网络上分享对手账的喜爱，至今已分享一百多个文具手账影片。

Instagram：synge112
Youtube：bushimen

作为一名文具方向的发烧友，
我很频繁而规律地盘点生活里
各种场景下自己爱用的文具。
虽然喜欢的口味真的特别广，
爱用的东西真的数不完，
可是真正生活里用得最多的文具
都属于『大人的文具』，
设计简洁耐看，
质量做工优秀，
属于买了就能陪伴你很久的那种。
在纸本选择上，
我偏爱能适应钢笔的纸张；
本册的选择上
尤其偏爱好的皮质制作的书衣；
书写笔曾经最爱钢笔，
现在口味有越来越广的趋势。
不过在不同场景下，
我爱用的文具的确是有差异的，
想要随着场景的更换
选择最合适的文具使用。

不是问

1

事务用最爱文具

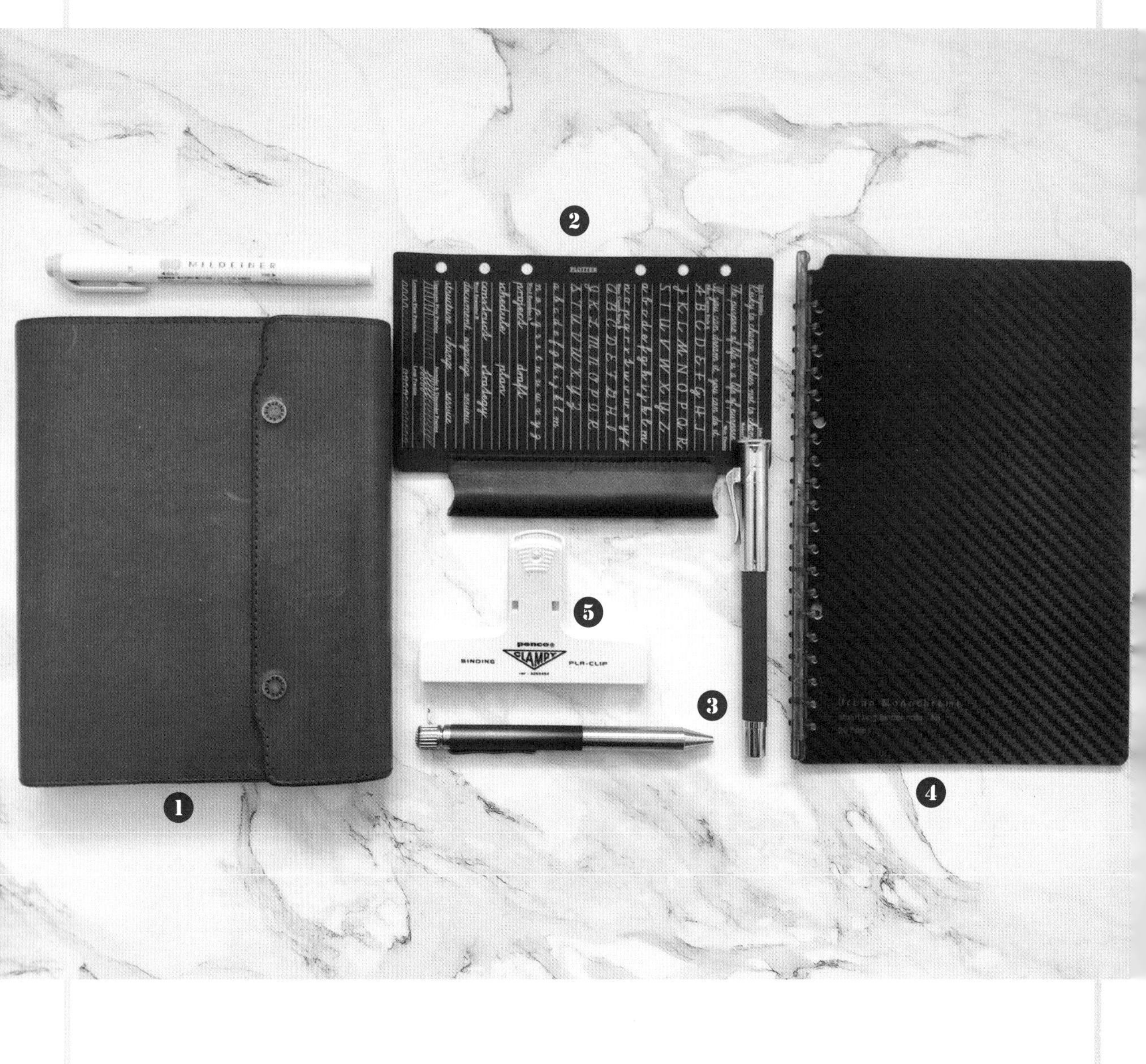

1

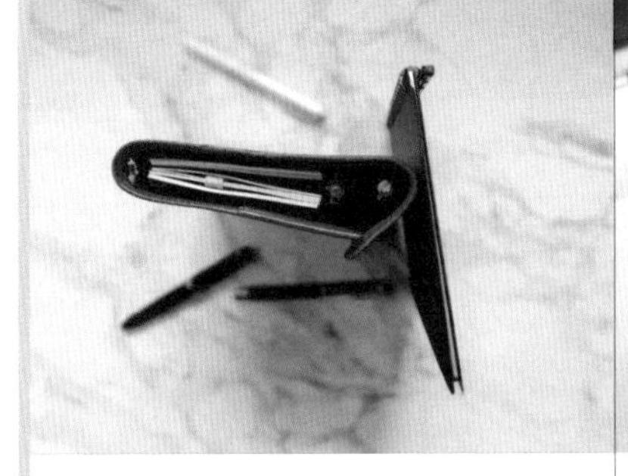

工作中我选择使用活页本，因为它可以根据需求增加或删减内页。而我用得最多的是这本来自Knox brain的Authen，手感极佳的鸣叫皮活页本。它会随着使用增加许多有魅力的纹路。

2

搭配Authen的一个配件是我的大爱，来自PLOTTER的活页分隔页。我自己拿剪刀把每个小孔都剪开了，非常方便拿取。另外它还带有一个笔插，设计得太棒了。

3

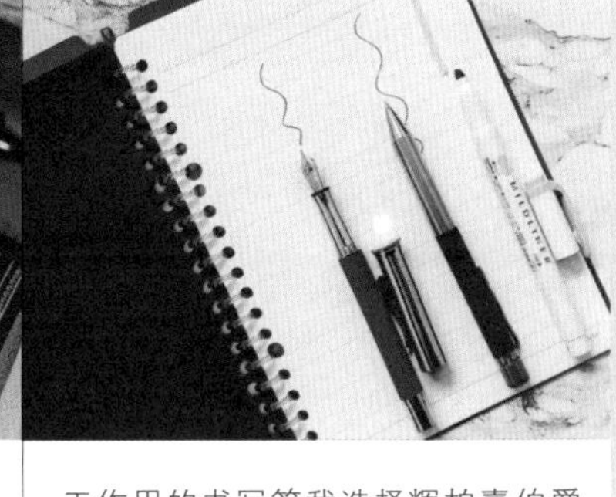

工作用的书写笔我选择辉柏嘉伯爵的经典系列钢笔，巴西木的笔杆握在手中感觉非凡，写出的字会变好看。另一支是Sakura的黄铜笔，不太适合大量书写的笔，可是太美了，我在颜值面前服输了。另一支是经典的斑马MILDLINER灰色高亮笔，颜色温和不刺眼。

4

另一本爱用的本子是来自国誉（KOKUYO）的Smart Ring活页，特别适合会议记录，非常轻薄，一点都不会增加负担。这本黑红的配色也非常经典。

5

最后我推荐这个Hightide的大夹子，真的很能夹！日常手边零散的纸张、素材可以立刻夹起来，便于收纳整理。另外这个夹子的设计也非常耐看。

不是闷

2

生活、娱乐最爱文具

分享在日常玩文具做手账过程中最爱用的小物。

1

直物文房具出品的每日印章是我的大爱，简洁生动的小图案在手账本上非常活泼，尺寸够小也不会喧宾夺主。

2

这款笔袋是我最爱的橄榄绿色，皮质也非常好，来自The Superior Labor。我真是一个败给了颜值的人呢。

3

生活里爱用的笔很多，这里非常努力地选择了三支。我最爱的书写钢笔万宝龙大班146，这支的铱粒打磨实在太适合我的书写习惯。百乐Juice Up中性笔，顺滑好写，长相也不幼稚。派通八合一彩铅，超级方便，一支笔8个颜色，适合用来标重点、高亮文字、涂色等。

4

国誉自我手账是我这一年的主日程本，我在这里记录每日时间开销和待办事项。能坚持写这本手账也让我成就感满满。它设计合理、纸质优秀。

5

我在这本MIDORI MD A5空白本上写每天的日记，有时候贴纸胶带，有时候画画，它的纸张非常好，可以轻松驾驭我使用的不同笔具。它的书衣来自比利时品牌Gillio，质感优秀让人上瘾。

不是闷

3

旅行中最爱文具

1

我选择了万宝龙波希米亚钢笔。这支笔是口袋笔，非常小巧，只能使用墨囊，很适合旅行携带。另外两支是软头笔，分别来自蜻蜓和派通两个品牌，我喜欢用它们来写brush lettering。

2

旅行途中我不会带很多装饰性的胶带贴纸，而会带上画材，随性地画画所见的事物。这三支我用得特别多——rOtring自动铅笔加红色铅笔芯用来打底稿，COPIC防水勾线笔用来勾线，三菱牛奶笔用来画高光。

3

旅行就要带“旅行者笔记本”嘛！我最近几次旅行都带的这本TRAVELER'S notebook橄榄绿手账，在里面会绑一个收纳袋、两个手账本和一个牛皮纸收纳袋。我喜欢它复古的感觉和很强的定制化能力。

我每次旅行都带HP Sprocket，它能快速打印出小小的照片，而且可以直接像贴纸一样贴在本子上，是我使用频率最高的照片打印机。

4

旅行必带的定制黄铜水彩盒，只有半个手机的大小，里面装着12色的Holbein固体水彩。旅行水彩笔刷我最爱的是Black Velvet 4号笔刷，聚锋蓄水能力都非常优秀。

不是闲

4

最爱的疗愈文具

文具真的是我的解药。我有一本 MIDORI 的口袋本，每一页都是一个口袋，用来装朋友寄给我的“心意”，有时是小字条，有时是好看包装纸的一角。

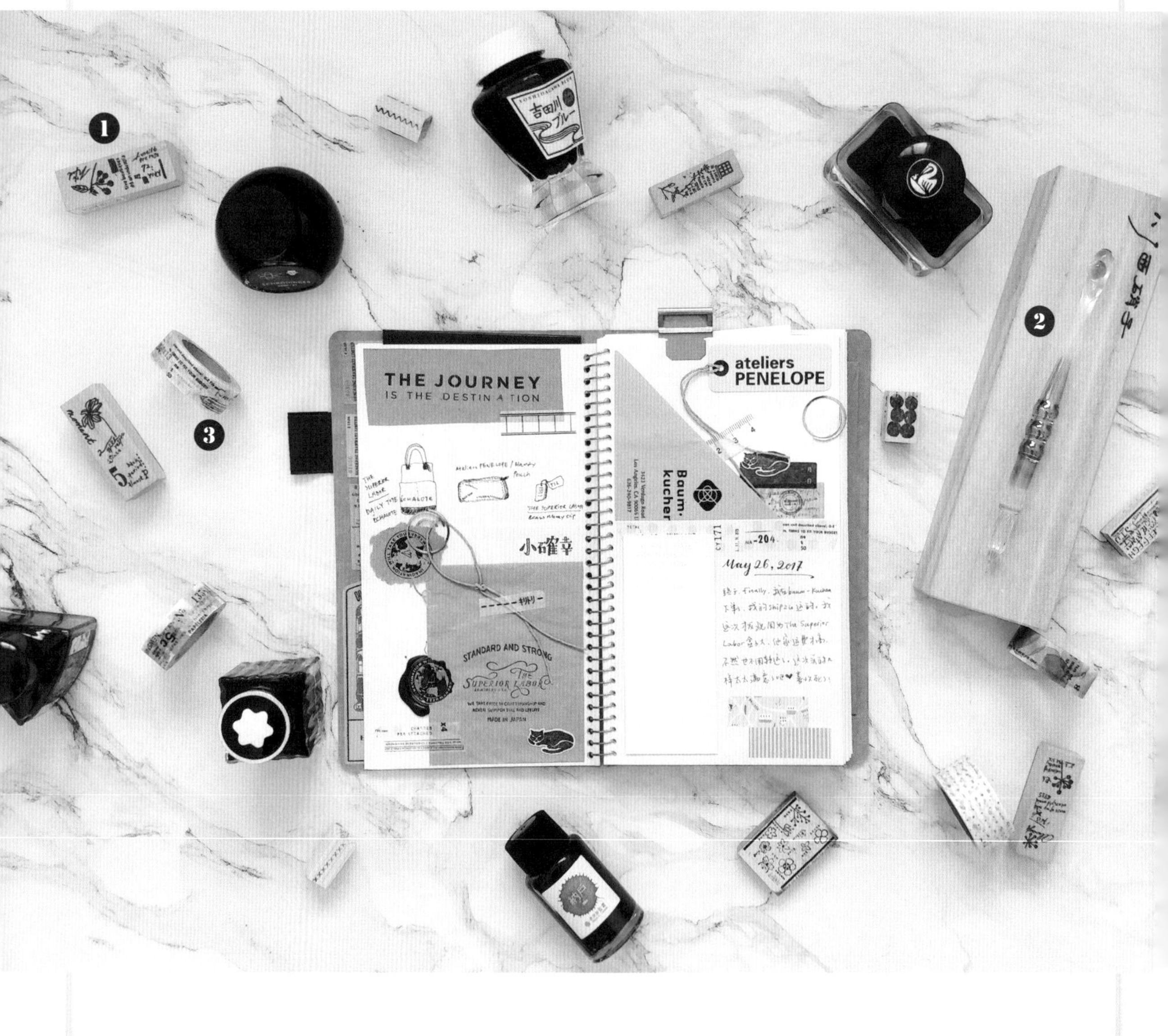

1

夏米花园的印章我实在是每一个都喜欢，从没失望过。所有元素看似没有逻辑却又非常有机地组合在一起，每次做手账都要印个几下才开心。

2

色彩让人心情明亮！作为钢笔彩墨的“粉丝”，玩墨水对我来说是极为疗愈的。目前我已经累计收藏一百瓶以上钢笔墨水，试色固定用川西硝子的玻璃蘸水笔，论美貌和实力它都是非常厉害的。

日本Yohaku和夏米花园的胶带最戳中我。它们不是非常具体的图案，却准确地传达了一种情绪或一种感觉。总之，爱就爱了哪里说得清理由。大爱Yohaku和夏米花园！

不是闲

| 番 | 外 | 篇 |

文具迷的包内乾坤

我平时出门时间一般不会太长，所以选择随身的文具很精简。
主要就是一个笔袋加一个随身小本，记录一下购物列表等，有时候也会拿出来打发等候的时间。

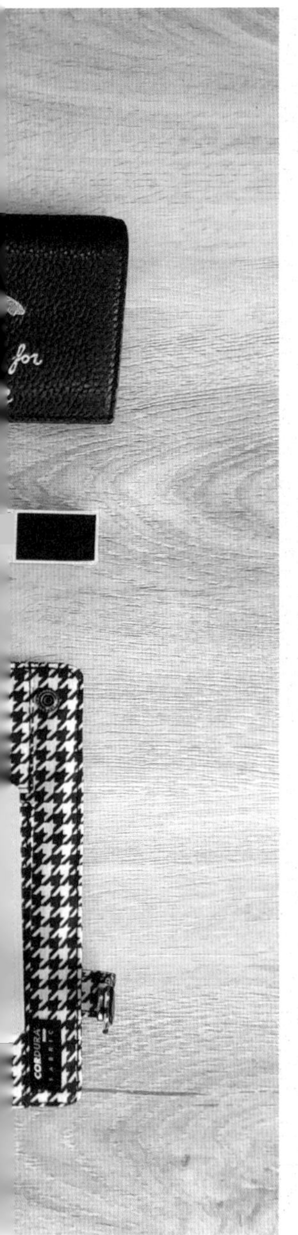

随身小本来自Il Bisonte，是一本口袋尺寸的活页本。我喜欢这样三折的形式，好像一床棉被舒服地裹着里面的内芯。这个尺寸随身携带毫无压力。

随身的书写笔我只选择按动式或旋转式的，因为拔盖式的容易在包里划来划去。

Maruman的小本子随身带很棒，纸张好，每页带有虚线方便撕下来。

柑仔

层层试炼下的名人堂：柑仔的文具爱用品

About

柑仔

喜欢文具，很喜欢文具。知道文具背后的故事会喜滋滋，弄懂文具制作的原理会笑开怀，会假访谈之名，行大肆购买之实的文具狂热人士。

Facebook：柑仔带你买文具
Instagram：sunkist214

对文具热爱也喜欢尝鲜的我，
要成为我的爱用品候选人
要经过以下的试炼：
定期逛文具店或上网搜寻新商品
想尽办法买回家试用。
研究拓展新战利品功能，
决定是否『打入冷宫』或万分宠爱。
经过了这一连串考验，
够好用够顺手够好看的，
才能堂而皇之进入柑仔文具名人堂。
除了华丽浮夸的复古风、
好搭实用的基本款，
或者搞笑有趣，
让心情愉快的小玩意儿，
因为工作上离不开书写装订，
顺手好用故障率低的事务用文具
也占据了爱用品列表的重要位置。

柑仔

1 随时都要用

PLUS-SPIN ECO
旋转双面胶
造型圆滚要用整个手掌才能握住，使用上需要一点技巧才能顺手。但这款有超长22m的无酸可防止照片变色的滚轮双面胶，单价低又可替换内带，使用起来有种爱地球又省钱的爽感。新款的TG-620改成容易辨识位置的浅蓝色跟粉红色蜂窝状胶点，非常令人期待。

PLUS norino beans
原本以为PLUS-SPIN ECO会是我此生挚爱，但原本只有8m的豆豆彩贴新款长度激增到22m，还有强力、蜂窝点状胶和弱黏性三种不同的粘贴强度可选择，单价虽然略高一点，但也相当值得购入。

DATABANK环保计算纸
在能抵抗钢笔墨水和柔绘笔晕染的纸张里，DATABANK是非常超值的选择，它有五种大小，方便随身携带或家中使用。米白的纸张看起来很舒服，纸张较薄建议单面书写。

菊水和纸胶带
贴明信片或装饰墙壁时，只要有一丝担心胶带会把漆给粘起来，我就会立刻改拿菊水和纸胶带，令人信赖的不只是胶带本身，“粉丝页”里的老板也像是大家的老朋友呢。

2 手账拼贴用

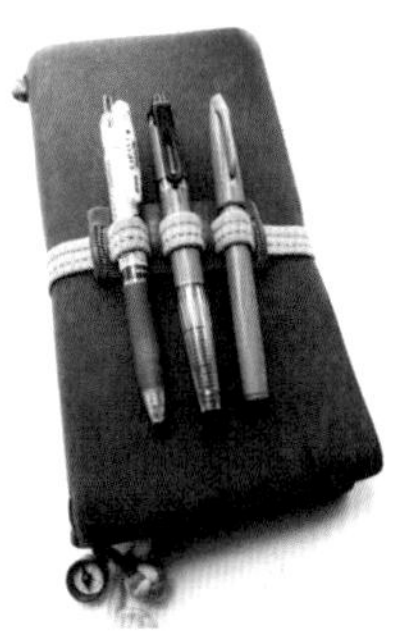

TRAVELER'S notebook
旅人笔记本
各式各样不同格式的笔记本，充满个性化的内页搭配，加上随着时间会越来越有自己味道的皮革外皮，是简单却充满了无限可能的笔记本。外出时搭配HIGHTIDE笔插绑书带，随时想写都很方便。

和纸胶带基本款
基本款里最好用的是素色、条纹、斜线、方格、圆点等。华丽的纸胶带款式虽然夺目，但基本款才是我的心头好呀。

YOHAKU纸胶带
任何场合拿起YOHAKU，整段贴也好，撕开贴也好，都能一秒融入。目前的每款都好看得不得了，是没有灵感拼贴时的大爱！

3 好用小工具

富美软把剪刀

剪日付、剪贴纸、剪胶带……剪完之后大拇指总是会被勒出剪刀把手的痕迹。这款软把剪刀非常柔软，不会造成手指压力，让剪贴变得愉快。虽然没有防粘贴的涂层，但只要用去光水就可以轻松去除残胶。

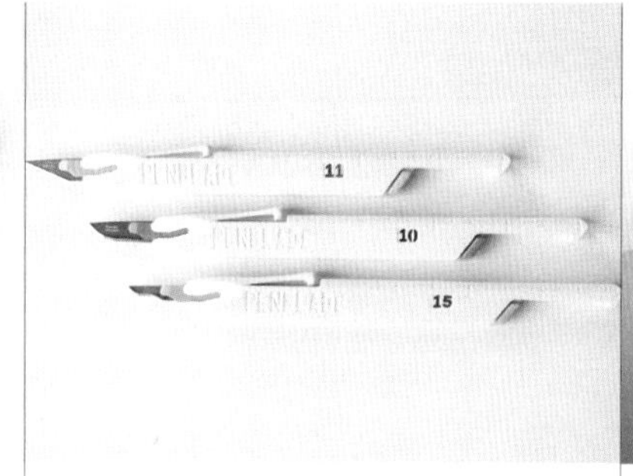

PENBLADE手术刀

分成三种不同弧度的刀头，十分锐利，只要从后方一推刃口就会伸出，刀刃缩回时前方缺口处可割断棉线，后方有简单标尺，随手使用很便利。但刀刃无法替换这点较不环保，不建议长时间工作使用。

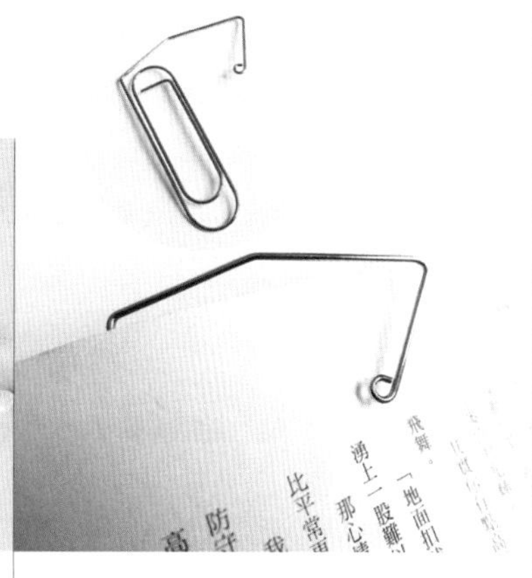

HIGHTIDE 翻页书签夹

原本觉得这玩意儿很鸡肋，但一用就离不开！比起使用在手账上，用在书本上感觉更加顺手，任何紧急状况合上书页，它都会好好地卡在书本上，不用担心忘记看到哪一页。

4 就是爱写字

吴竹油性软头笔
suitto crafters

这款软头笔能在大部分的胶带表面书写，笔头柔软好操控，十分推荐。suitto crafters中的透明款可在其他颜色着色完干燥后，溶解原本颜色露出底色，制造有趣的效果。

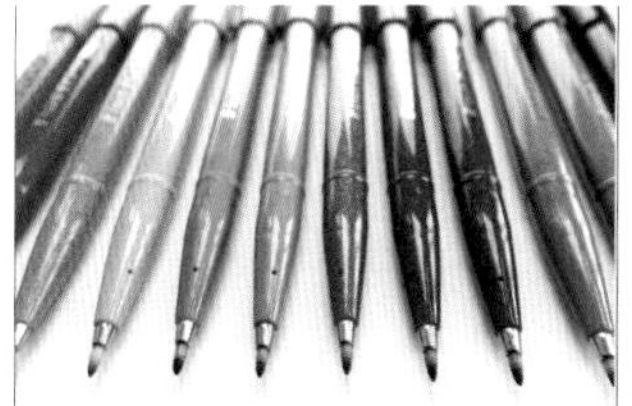

Pentel柔绘笔

小但极具弹性的笔头可以写出粗细的线条变化，在手账上写中英文都非常适合，颜色选择多也易入手，是必须拥有的一套笔。

Pelikan M200
百利金奶咖

用来日常书写很喜欢的一支笔，对我来说弹性适中书写滑顺，重点是奶油咖啡色的配色太美了，每次用都心情大好呀。

LIHIT LAB
SMART FIT笔袋

轻薄的袋身方便随身携带，质地耐磨，反折互扣后可以立在桌上方便取用文具，是很令人惊喜的设计。

柑仔

5 盖印是风潮

SUPER A 瞬速干印台

适合钢笔使用的手账纸张通常都会让印台干得比较慢，但这款印台实际测试几乎是秒干，使用起来安心许多，有补充液可另行添加。

Tsukineco Versamagic 月猫魔术印台

适合在大部分手账纸张上使用，不容易透到纸张背面，而且色系粉嫩多样，拿来做背景搭配简直无敌。有大的长方形印台和小的水滴形印台可选择。

Ranger复古氧化印台

这款印台带着粉彩的感觉，我特别喜欢深色印台遇到水汽之后的颜色变化，出现的层次感令人惊艳，甚至会出现逼真的铁锈感。但这款印台并不适合所有纸张使用，使用时也务必要注意哟。

OURS 森林好朋友色彩工坊几何印章组

看似简单的几何图形，简单盖印互相搭配就超有感觉，直接盖印在手账上或者盖印在贴纸上再来拼贴都好看，是非常称职的“绿叶”角色。

迪梦奇Day By Day月历印章组

从1~31的数字即使不拿来盖印日期，单纯标示数字也觉得非常好用，字体选择简洁好看，如果能加上月份印章就完美了！

夏米印章ep系列

夏米印章中各系列特色都不同，ep系列是其中最容易搭配使用，各种风格都可以完美融合，除了太难买到以外，可说是完美印章。

自制印章

针对自己的需求选择字体和大小，请印章店刻制的印章，自行排版的七颗月份章是我的得意之作，目前仍然热切使用中。

柑仔

| 番 | 外 | 篇 |

文具迷的包内乾坤

因为想为空当时间保留所有的可能性，每天背“砖块”出门是一名文具控的日常。
带着 TRAVELER'S notebook，内页是旧款 018、空白本和收纳的拉链袋；
LIHIT LAB 的收纳袋里有富美剪刀、纸胶带分装、印好的日付和素材；
更别提有时候想练练字，那么钢笔跟软头笔也绝对不能少带，
可以盖印或练字的环保计算纸也得塞一本进去；
啊，我还有一本自制的贴纸本，不带也不行啊……
左思右想，无法割舍，日复一日，柑仔“搬砖”。

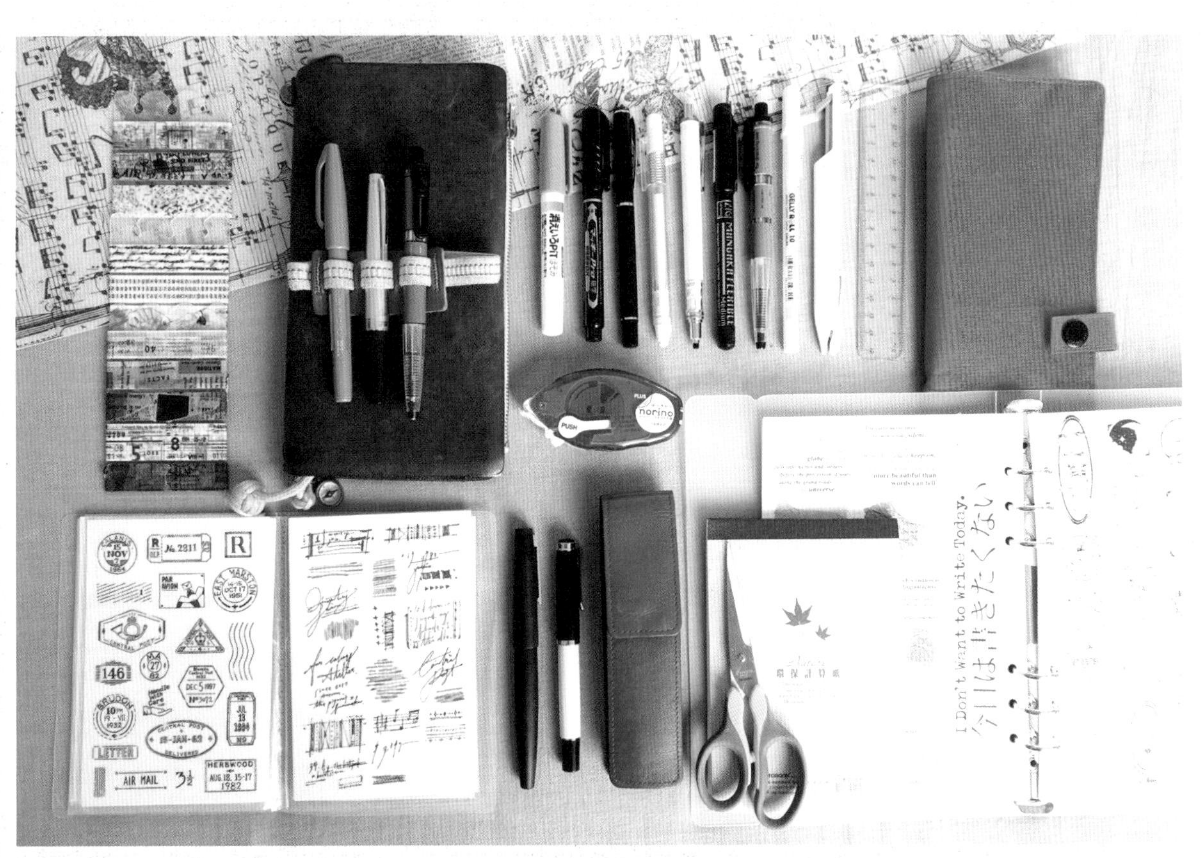

Chloe Wang

实用为本：Chloe Wang 的文具爱用品

About
Chloe Wang

在阅读和创作中学习生活，喜欢经过淘洗拣选后的简单生活。
边写边画，穿过一层层时间的筛网，在 2018 年决定背起行囊，前往英国留学学插画。

就如同选择交往对象一样，
不同年龄层、不同阶段，
考虑的事情不同，
选择也就大相径庭。
因此在介绍我的文具爱用品前，
先提供一点关于我个人
及偏好的描述作为参考。
首先，文具作为工具的一支，
自然是以『实用』为首要考虑。
因此如果『美观』和『实用』
只能二选一，我偏好后者。
当然若能碰上两者兼具的设计，
便是再好不过了。
另外，我平常使用文具的机会有三种：
一是过去记录，也就是所谓的日记；
二是未来规划，于一般的纸本行事历；
三则是图像创作。
因此就第一项来说，
我很需要档案管理工具，协助留存归档。
在未来规划方面，
便利贴是协助我时间管理的最佳帮手。
最后，
我也会介绍一些进行创作时的爱用品。

Chloe Wang

1 目前使用中的本本

左边是MOLESKINE月计划行事历。我会在上面浮贴一层描图纸，作为贴便利贴的地方，这样原先的纸面就可以写字，而不会被便利贴所占用。
右边的方格本则是子弹笔记，可以系统性地记录个人健康、饮食等事项，补充日记的不足。

左边是我一日一页的日记，单纯记录自己每一天的行程以及想法。
中间是捕捉创作灵感的空白线圈笔记本，因为不是特殊纸，所以可以放心大胆地画。
右边是我随身携带的硬皮笔记本，随时记录想法或是为讲座、展览写笔记。

2 铅笔盒内的常客

这些是我最常使用的工具，但有时候会根据当天的规划不同——例如要外出画画，就会更换物品。

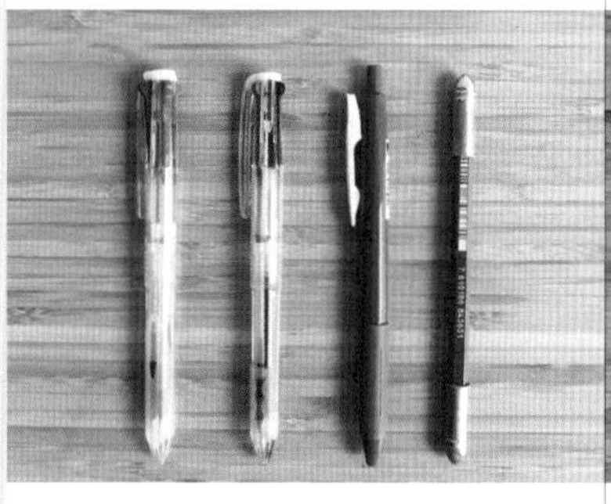

左边两支是准备英日文检定时，因为笔记需求，特别购入的多色笔。
SARASA推出的特殊复古色系列，因为颜色好看又是我最习惯的0.5mm笔芯，因此会准备一支在铅笔盒里。
最后这支是卡达双头色铅笔，无论是画重点或是碰巧想画画，这支色泽饱满、笔头软硬刚好，非常好用。

由左至右依序是Uni1.0白色钢珠笔、Uni1.0黑色钢珠笔、PILOT细字（专门写纸胶带的黑笔）、SARASA0.5mm黑色钢珠笔。

由左到右：在试过无数支自动铅笔后，无印良品的这支是我用起来最顺手也最喜欢的。
另外我也会携带一支普通铅笔，就深浅还有软硬度来说，最爱的就是这支MITSU-BISHI的HB铅笔。
LAMY的工程笔是弟弟送的生日礼物，是我画速写的最佳伙伴。如同铅笔般的笔芯，加上沉稳的握杆，让我每一次的书写体验都是绝妙的享受。过去都使用Pentel橡皮擦的我，发现它们推出笔杆型橡皮擦后从此变心，因为真的施力方便又省空间。
尺子以及剪刀都选择了无印良品，理由不外乎是简约设计以及顺手好用。尤其是不残胶的剪刀，我买了好几把分别放在不同处呢。

3 档案管理工具

因为喜欢留存发票、宣传单、电影票之类的纸物，因此会携带这种格子很多的分类夹协助分类整理。通常我都会视当天的行程还有携带的包包决定要带哪种分类夹。像是工作行程，因为我多采用A5大小的纸张记录工作，因此会选择携带A5透明的分类夹外出。

4 便利贴及纸胶带

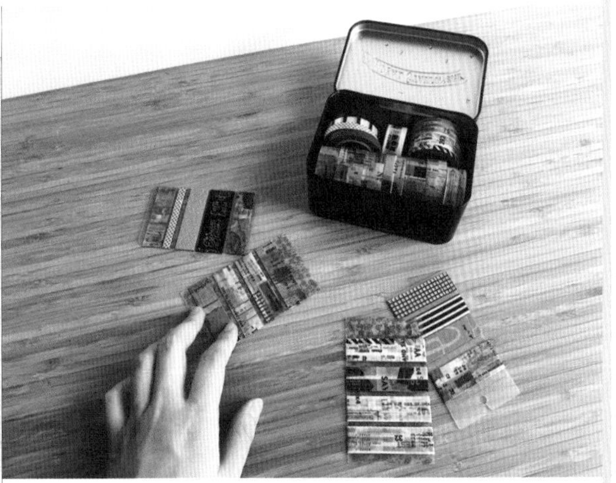

关于便利贴的部分，如果字数多，会使用有横线的常见黄色N次贴。
中间大小的N次贴我会买比较可爱的款式，增加行事历的活泼感，使用时心情也会跟着舒畅。至于最小的N次贴，主要就是搭配我的MOLESKINE月计划行事历。我最重视颜色是否分明，这样才容易辨别同时进行的各项计划。
另外我也会准备一沓没有黏性的信纸，搭配纸胶带贴在行事历上充当N次贴。或者在需要写小纸条给别人的时候也非常方便。

曾经历过疯狂搜集纸胶带的时期，到了现在开始懂得“Less is more”的道理，知道哪种风格的纸胶带自己用得最上手。常用的固定收在书桌旁的黑色铁盒中，也会准备分装片随身携带。

Chloe Wang

5 绘画工具

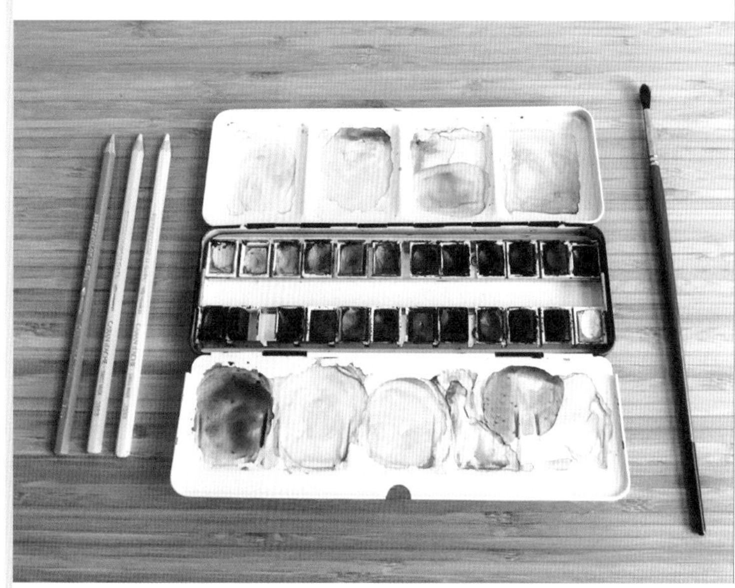

在绘画工具的部分，这几样是我愿意回购的产品。最左边的是卡达的水性彩色铅笔，中间是温莎牛顿的块状透明水彩，右边则是Holbein的黑貂水彩笔。

6 其他工具

这些算是我个人很推荐但无法分类的文具。像是中间的透明垫板，采用弹性的PVC材质，垫在它上面写的字不只会变好看，书写体验也会跟着提升。

上方是来自德国的Kum削铅笔器，小小身材却提供四种尺寸，也是我寻觅许久可以削LAMY工程笔的削铅笔器。下方的笔盖是特地买来装在我常用的铅笔或彩色铅笔上面的，可以保护刚削好的笔芯。

辉柏嘉的万能黏土胶是我装饰房间的最佳帮手。无论是海报、公仔，我都可以靠它固定。

购自日本LOFT的卷线器，对于热爱井然有序的我来说，是生活的必备用品。手机线、充电线、耳机线各种线，有它在，一切干净整齐。

和一般的美工刀不同，这款形状特殊的美工刀是用来制造虚线的，无论是创作或是工作，它都能派上用场。

这款手动碎纸机也是无印良品的产品，每次要销毁文件的时候，有它帮忙就安心。

Chloe Wang

| 番 | 外 | 篇 |

文具迷的包内乾坤

如果是外出工作，
我几乎都会背电脑包，同时携带我的月计划行事历。
但如果是一般外出，我会携带的随身物品如图。
上排的 N 次贴、纸胶带分装片会通通塞到下方水蓝色收纳袋中。
下排由左至右分别是多格分类夹、收纳袋、随身硬皮笔记本，
以及无印良品的透明铅笔盒（可直立放置的它，还兼有笔筒的功能）。
这些爱用品，可以说是陪我生活的最小战斗单位！

以速写需求为本：橘枳的文具爱用品

About
橘枳

台北人。想借由手中的笔和大家分享当下的感受，也许不尽然都是美好的，但如果大家能因此看见然后思考就好了。

Facebook：橘逾淮为枳
Instagram：tangerinelin

身为一个爱画画的人，平时出门在外画画多以速写为主，再加上是线条控，喜欢用线条快速勾勒的爽快，常用速写本和钢笔组合，也会随身携带24色块状水彩和几支水笔，至于要不要上色就依现场状况而定。速写本最习惯MOLESKINE Sketchbook，它内页纸质平滑，线条表现很好，却不太适合用水彩上色，不过习惯画图之外还会写些文字记录，平滑的内页写起字还是较水彩纸来得好写，所以上色优劣与否就放在考虑的后顺位。黑色外皮防水且不容易弄脏，尺寸携带方便，用久了也就习惯了，目前还没找到其他替代的速写本。钢笔有书法尖和一般尖两种，没有特定牌子，偏好笔身重一点的，书法尖较一般尖能画出变化更明显的笔画，墨水稀释过，笔袋里会放两小罐自己调的墨水，一深一浅备用。Pentel水笔的手感用得最顺，一样会带两支。

橘枳

我使用的文具种类不多，大多以笔类为主，
主要就是勾勒线条的笔和上色用的笔。没有刻意区分类别使用，
而是依照携带方便性区分，出门还是希望尽量精简不要带太多东西。

1 线稿用笔墨

线条用钢笔，有书法尖和一般尖，书法尖的线条变化较大，涂黑也方便，所以用来画图。一般尖则是书写文字使用，但有时候也会混着使用。墨水以防水墨水为主。

2 上色用具

调色盘一开始用12色，后来改用调色面积较大的24色，再大的调色盘就留在室内用。颜料有块状也有条状，挤入小方格使用。

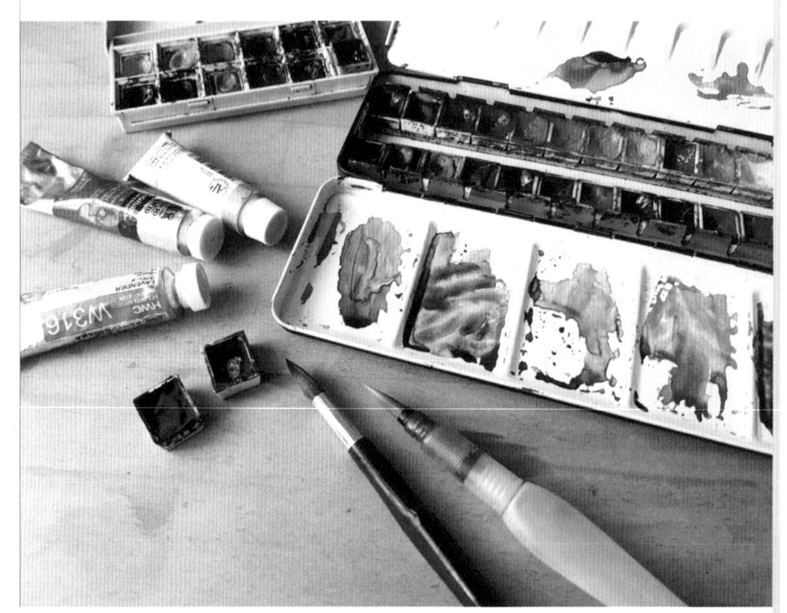

3 水笔、水彩笔

上色部分会用到水笔和水彩笔，水笔压一压就能出水，外出携带方便，需要较大面积渲染则水彩笔较为适合。

橘枳

4 其他表现方法

牛奶笔，偶尔会用其他笔类，主要是换换不同笔触和表现方法。

5 本本们

本子以MOLESKINE Sketchbook为主，偶尔会用TRAVELER'S notebook和不同尺寸的速写本。

6 纸胶带、固体胶

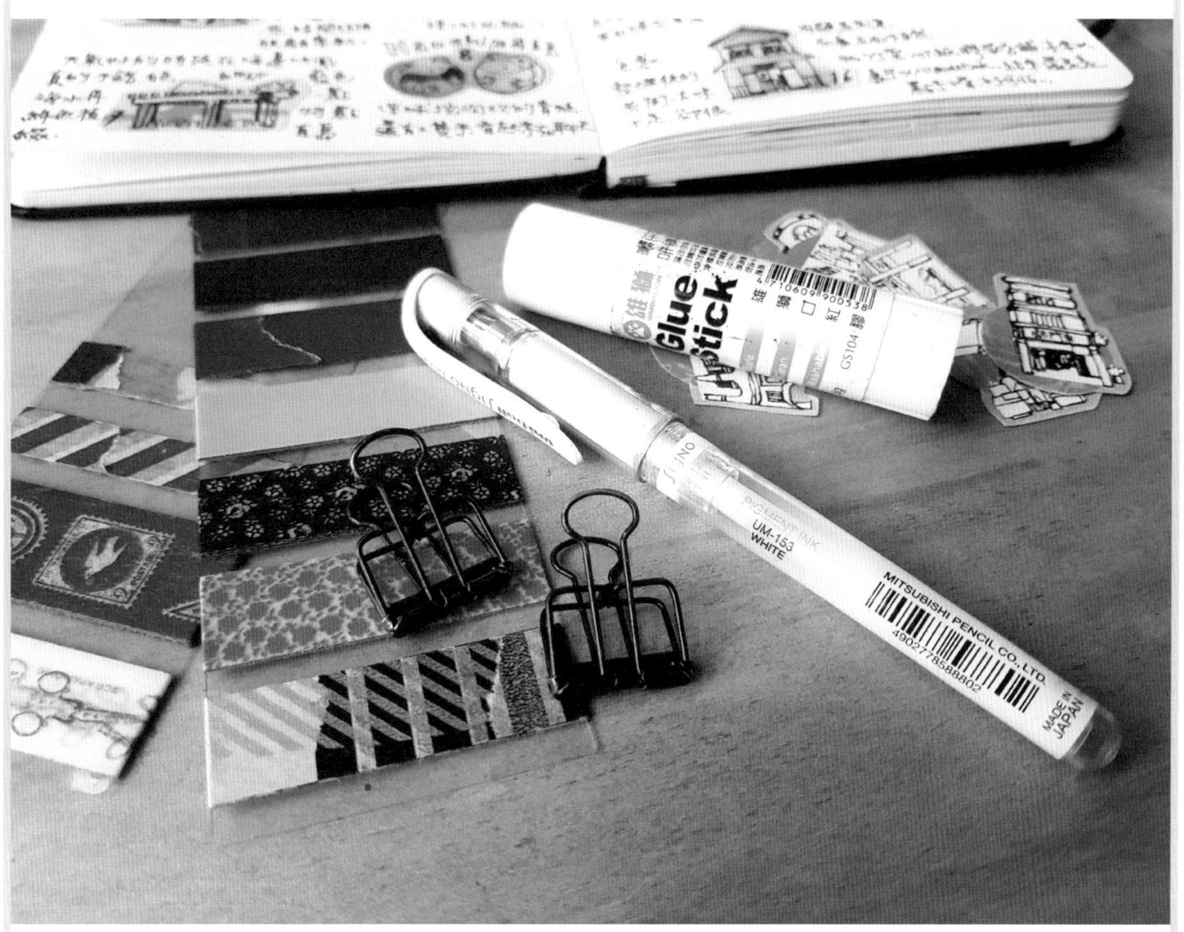

胶带、固体胶、小夹子，我看到质感不错的名片或DM，就会需要用到粘贴工具。

橘枳

|番|外|篇|

文具迷的包内乾坤

笔袋和笔

全部的笔被我有点粗暴地通通塞在笔袋里，笔袋似乎是无印良品装彩色笔的袋子，防水且大小刚好，所以即使旧了还会继续使用。有时候小罐子还会漏墨弄得很脏，发现钢笔掉漆的时候也会忏悔一下，只好努力使用作为弥补。尽量不要带太多笔，因为使用时有选择障碍的感觉不太好，东西够用就可以。一开始常用的钢珠笔近来画画用不上，随手写笔记倒是适合，也就继续带着了。

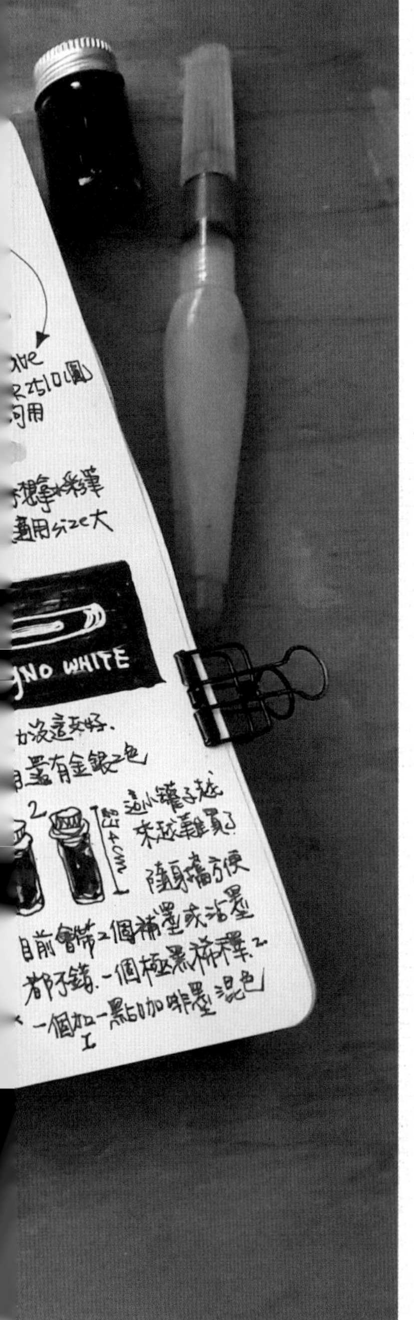

必备用笔

一些随身带的笔有墨笔、圆珠笔、钢笔、钢珠笔、水彩笔、水笔、牛奶笔。

YuYu

绕着手账运行：YuYu的文具爱用品

About
YuYu

高中念设计，大学拍电影，毕业后曾当过一阵子包装设计师。
现任职于诚品文具馆，沉溺于文具的世界里无法自拔。
于 2012 年成立“文具小旅行”至今。

Instagram：stationerytrip
Facebook：文具小旅行

文具一直以来都是我生活中的必需品，但自从在文具馆工作以后，对于文具的狂热较以前稍稍降低了些，也许是因为每天都能接触文具的关系吧，现在比较能冷静思考哪些东西才是我真正需要、好用而且喜欢的。结账前会先经过一番纠结，最后才会愿意掏出薪水奉献（当然偶尔还是会有崩溃的时候，所以有会『灭火』的同事也非常重要）。

平常上班事情比较多，所以在休假和下班时会持续使用的东西就只有手账了。因此我最常乱买的就是手账周边，大的从滑行胶带到柔色荧光笔，小的从花边带到贴纸跟造型小夹子，对我来说只要能填满手账空白的都是好物。照片里都是我目前最常使用的文具，偶尔也会带着这些东西到咖啡厅坐一整个下午当当假文青。

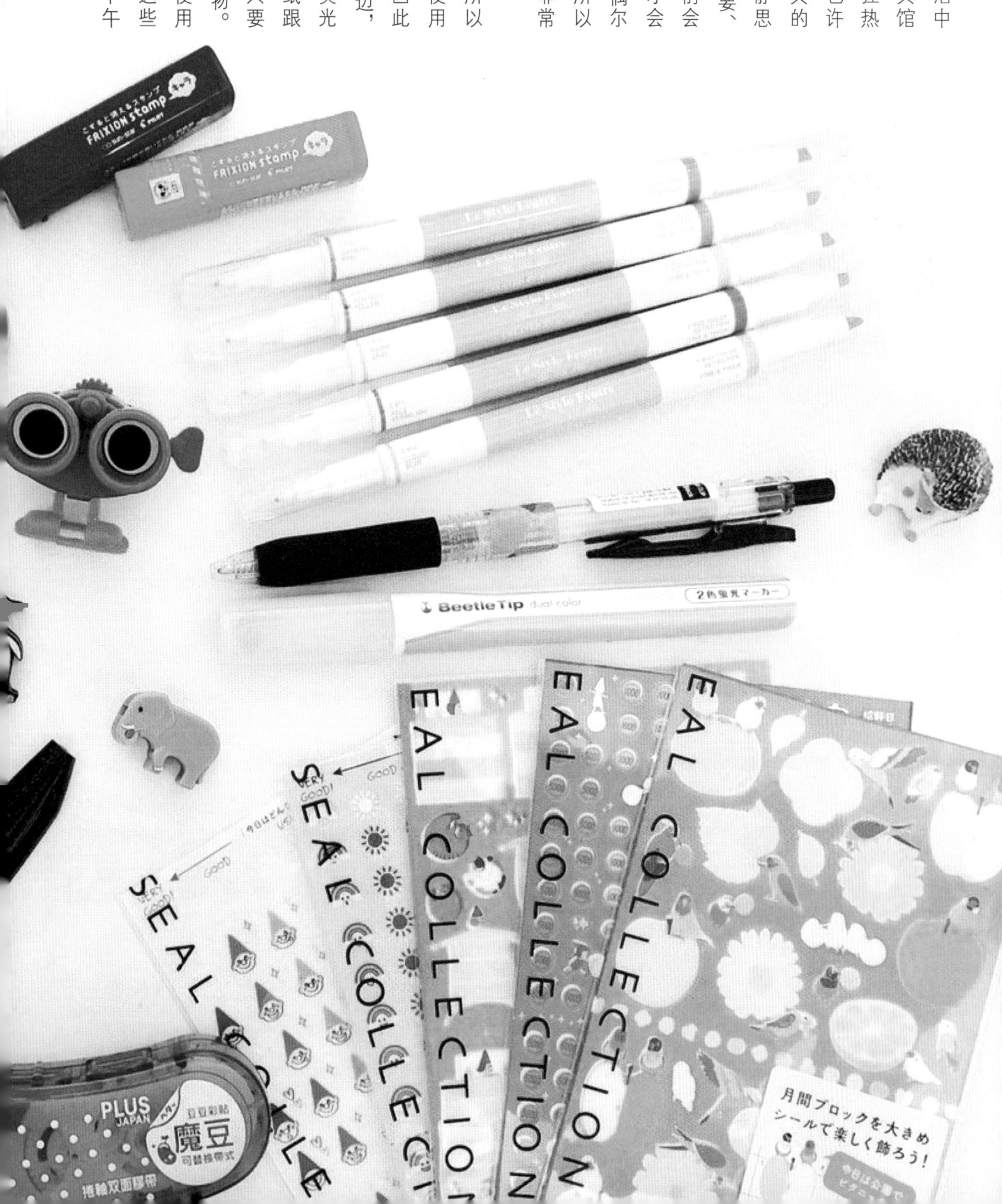

YuYu

1
疗愈用

同事去日本玩带回来的纪念品，一开始还没想到能有什么用途，后来发现写手账时夹着超级可爱，拍手账照片时也非常实用。

我平常很少买花边带，但像这种单个分开的图案我就会考虑购入。如果写完字发现空白很多，花边带是个好帮手哟！

2
娱乐用

1

手账贴纸一直都是写手账的好伙伴！因此永远不嫌多，通通塞进笔记本里，想用的时候可以随时尽情地贴。

2

KITTA纸胶带是我用过最棒的文具！不仅图案多且方便携带，是和纸胶带，所以可以重复粘贴不残胶，黏性也够。我最常拿来贴票根或小纸片。

YuYu

3 事务用

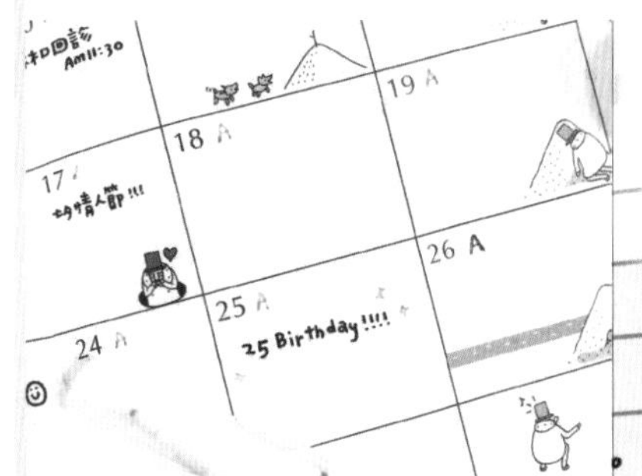

我很爱用柔色系的笔写班表或标示重点，不会太过突兀也能一目了然，偶尔用来点缀画个小图也很棒。

独角仙柔色荧光笔有两个颜色，可以依照自己的需求选择，通常我都会在特别重要的地方加强标注让重点更加明显。

我的爱用笔绝对非柔绘笔莫属!用柔绘笔写出来的字可以很多变。写手账时我都用可爱字体去表现。

被塞满的随身手账（使用手账为Midori pouch diary）。

YuYu

| 番 | 外 | 篇 |

文具迷的包内乾坤

外出时包包里除了已经快爆炸的手账外，会跟着带出门的还有笔袋。
笔袋是从晴空塔的 Aranzi 专卖店购入的，容量不太大，可以装进最常使用的几支笔，
不至于让包包太沉重。里面固定会放柔色荧光笔、黑色柔绘笔和几支备用的油性原子笔。
另外我觉得最重要的就是修正液！比起修正带我更喜欢修正液，
它可以针对需要修改的范围小部分涂改即可，不会让整本手账到处都是一块块白色的痕迹。

买进即刻使用：Peipei的文具爱用品

About

Peipei

每到一个城市一定想寻找两个地方：咖啡馆和文具店。Instagram 以分享美食与咖啡绘画为主。

喜欢文具，
无论是美术社、连锁店、特色独立或传统小店，
还是一个只摆放零星文具品的小摊都能吸引我的目光，
正因为这样的偶遇，
我的第一本 RHODIA 方格笔记本——
十四年前到巴黎在旅馆旁杂货店
看到一小柜笔类纸品，
一眼爱上这本不到两欧元的上翻式方格本子；
之前因为空服工作的关系，
能走访各个城市逛到不少特色文具用品店，
我通常会买实用的商品而不偏好收藏，
所以我的文具爱用品
大部分是一买进即刻使用的，
同品种也会添购多款轮替；
近年电商盛行更使得文具用品无国界，
一些限量款、已停产的经典款，
或是稀有品种经常从网站里寻宝；
大众的购物平台和店家架设的购物网站，
更是方便而且还能比价，
不过定期走进文具店亲自挑选，
才是我最喜欢的采购方式。

我的文具爱用品

1

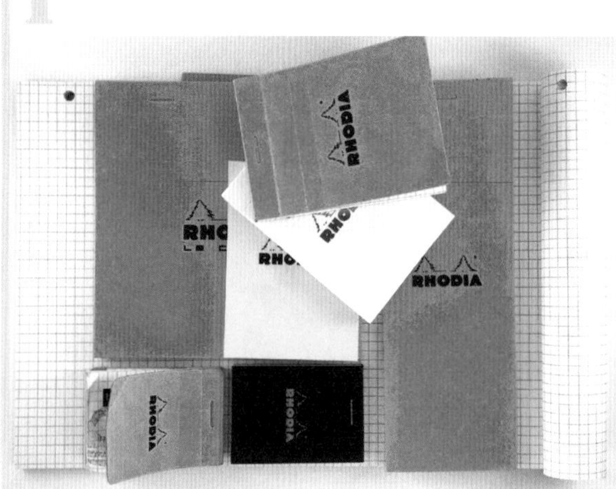

【RHODIA】偶然一次买到后便成为这个品牌的拥护者，旅居法国的友人说这本子在当地很普遍，类似学生常用的笔记本；2013年到巴黎旅行还特地安排了购买RHODIA的行程，幸运地在街边文具店就轻易看到各式各样尺寸的RHODIA。而近几年在亚洲市场也能方便买到而且还推出不少特殊款。我最常使用N11（7.4cmx10.5cm）的方格本作为随身携带的杂记本。

2

【工程笔/草图笔】制图铅笔和草图笔是近年大力收藏的笔具，我的绘画作品都是2mm工程铅笔打稿，其他1.4mm/3.2mm/5.6mm的笔则放彩色笔芯书写工作日志或画随笔画用。绿杆辉柏嘉是高中学制图时的第一支工程笔，工作后再买第二支同品牌，直到试用了瑞士卡达就喜欢上它的雾黑全钢材稳重手感，接着陆续添购卡达的绿笔杆、限量联名款黑杆与白杆。德国KAWECO草图笔握杆短很适合我偏小的手；LAMY abc 3.2mm特意换装与外观颜色一样的红/蓝铅芯让书写涂鸦变得更赏心悦目！

3

【小型削铅笔器/磨芯器】一开始买进是因为绘画时用来削彩色铅笔方便携带，后来也寻找了不少2mm笔芯工程笔专用的磨芯器。削一般铅笔最好使用的是黄铜削笔器，而工程笔磨芯器则随厂牌有不同的功能，比如能削出笔尖圆锥的不同长短，我喜欢笔尖稍微细尖所以目前最常使用的是卡达工程笔尾端本身附的笔盖型磨芯器。

4

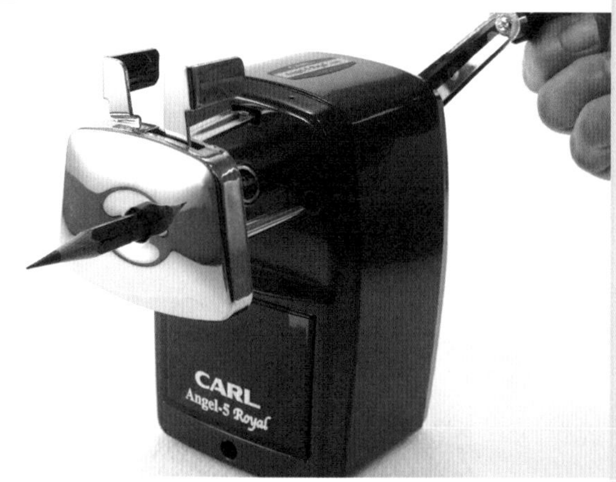

【CARL削铅笔机】以前学校老师规定彩色铅笔一定要用美工刀手削，如此笔芯才能细长好作画，我手拙总是削不出漂亮均匀的长度。当初看见店家介绍这台日制削铅笔机能削出笔芯微内缩的漂亮弧形，而且有两段式调整笔尖长度，所以在家削彩色铅笔或铅笔一定使用桌上这台，每次看见削好的铅笔都感觉好像是用美工刀手削出来的一样美，只是机器削得更加工整平滑。

5

【双色铅笔】卡达两头红/蓝双色笔是今年发现的好物，我多用于写行事历的待办事项：蓝笔记下该做的事情，完成后用红笔端划掉；它是水性色铅笔，笔芯软硬适中也很方便我随手涂鸦。
对双头彩色铅笔的印象还是小时候看二姐学琴的记忆，她的钢琴老师都用色笔圈写音符的强弱，弹错音时也是拿这种笔敲姐姐的手背。

6

【橡皮擦】因为工程笔和彩色铅笔的用量大，所以橡皮擦的种类也不少，尤其绘画时我需要三种以上的橡皮擦：能擦干净铅笔打稿用的、专门擦彩色铅笔用的以及修改画面时能将纸张纤维破坏用的最粗颗粒款。

7

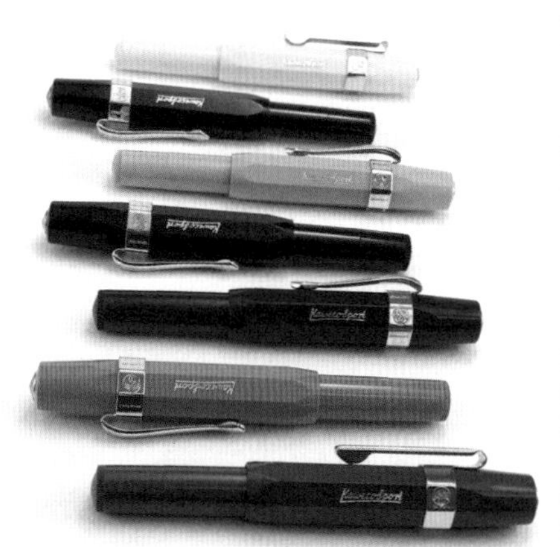

【钢笔】我第一支钢笔是LAMY Safari 2016年推出的紫丁香，在大阪梅田车站的文具店购入，当年从未接触钢笔仍是门外汉的我还站在店外想了好久才再进店买下；接着一样在日本买到白身红夹的限定款，之后就喜欢上LAMY红或黑的笔夹；先生有一次从他公司的杂物箱翻出一支绝版的黑身红夹送我，是我最珍贵的收藏！这些钢笔都对应笔身颜色灌入彩色墨水用来写手账或插画。
KAWECO的钢笔因为笔身短小好携带，是我外出带笔的优先选择。

8

【**LAMY abc系列**】专为初学写字的儿童设计的钢笔与铅笔，也是我最喜爱的系列。现在市面上只能买到第二代的abc铅笔(差别在于第一代是3.15mm较粗笔芯并且附有可爱的方块磨芯器，第二代为1.4mm较细笔芯，无磨芯器)，我的第一代abc铅笔是在eBay上向德国卖家“挖宝”淘到的红/蓝两支，虽然是全新品但寄达时外盒已泛黄破损，不过未涂层的枫木笔身反而因为时间久远变化成稍深的漂亮蜂蜜色。

9

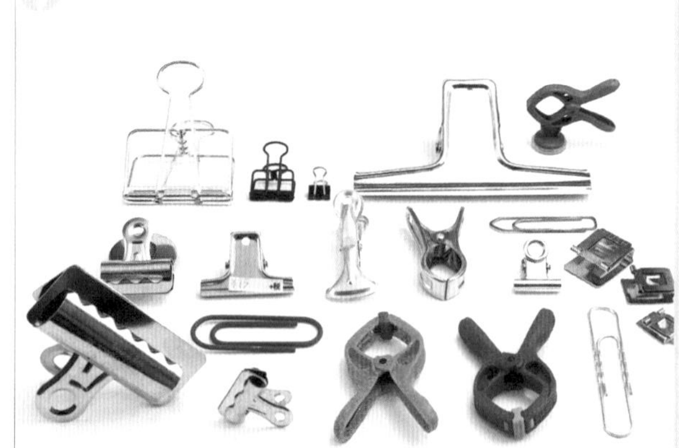

【**夹子**】我习惯把账单、纸张用夹子分类夹好，也经常将传递给家人朋友的文件用小夹子整理好一并送给他们，因此常觉得需要补足备货，逛文具店或美术社时很难不伸手拿几个放进购物篮！

10

【**打字机**】小时候曾玩过大姐商业学习用的打字机，英文字体透过色带敲击在纸张上的打印很美。这台古董打字机是很久以前先生家经商使用的，电脑打印普及后就被放置在老家角落，去年如获至宝找到后大清洁一翻再从网络上买色带，刚开始键盘还时常卡住但使用一段时间后就越打越顺畅了。

11

【**纸胶带**】日本和纸胶带一开始盛行时我曾经漫无目的地乱买，直到看见主题性胶带才以自己的喜好收集，比如：城市系列、香港天星小轮、东京地铁和前阵子终于从虾皮购物寻觅得手的纽约展限定五卷。
KOKUYO夹式胶台是用过的切割器中最轻巧方便的，胶带好替换又能撕出漂亮的微型锯齿状。

12

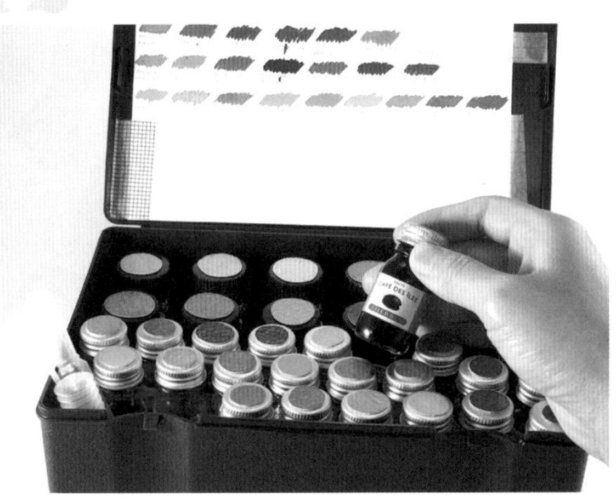

【墨水】十年前在银座伊东屋因为想搭配日牌平和万年笔(竹轴玻璃笔尖)误打误撞买下我的第一瓶法国珍珠彩墨——巴西可可棕，后来因为插画和钢笔灌墨陆续买齐了J.HERBIN的彩色墨水，每罐墨水颜色的命名也很到位、很有意境：黑珍珠、咖啡棕、薄荷苏打绿、茶渣、歌剧红、云灰、锈锚红、缅甸琥珀……

13

【绘画本】在Instagram分享手绘作品的首本是HOBONICHI每日手账，近几年大量使用不同厂牌的绘画、水彩本(尺寸均小于A5)。目前在用的由左上第一本顺时针方向依序为:TN+012画图纸、MOLESKINE周记本、意大利品牌FABRIANO–Venezia威尼斯绘画本200g、MOLESKINE Watercolor Album冷压处理水彩本。

14

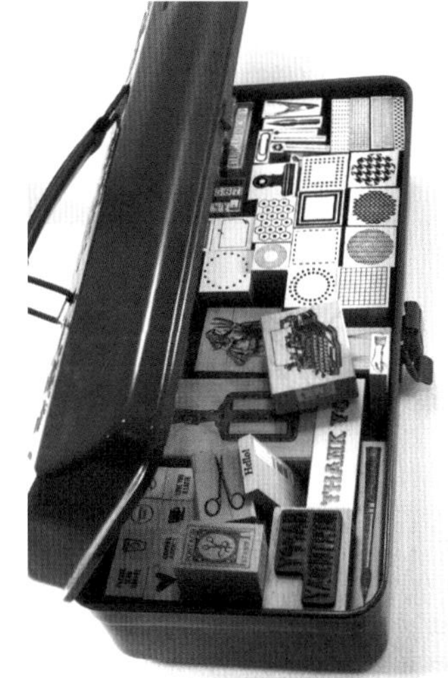

【印章】我的绘画都会以印章入画，所以大量收集的印章也是我的绘画工具之一，从一开始特地从日本、美国逐店搜购到现在印章市场渐渐多了许多厂商制作，我也几乎都从网络商店挑选更好收纳的水晶印章(透明软胶印章)，而这些用TRUSCO工具箱装满的木柄印章都是YPC.journey值得纪念的元老绘画工具。

1
2
3
4
5
5
6
6
5
HAVE
A
Nice
(APPROX.) 1.2L(40oz.)
200mm X 160mm (7 7/8 in. X 6 5/16 in.)
MINIMAL FEATURES FOR MAXIMUM PROTECTION
AVAILABLE IN SUPERIOR FINISH STRENGTH TO
PROVIDE PROTECTION FROM DUST , WATER , DAMAGES AND OIL.
HEAT RESISTANT 100°C(1min.)
THIS PVC TARPAULIN GARMENT
CAN BE CLEANED WITH WARM WATER AND MILD SOAP.
DO NOT USE ANY SOLVENTS, ALCOHOL OR ACID CLEANING AGENTS.
ref : 4988342
HIGHTIDE
SL-12

Peipei

|番|外|篇|

文具迷的包内乾坤

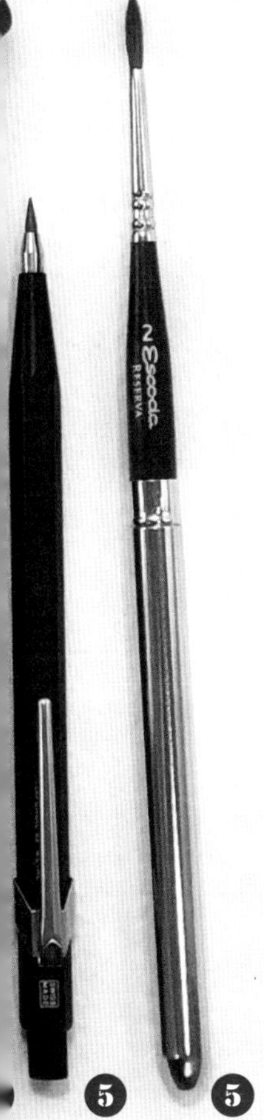

❶ 剪刀：随身携带一把迷你的小剪刀是我包包里的必备，但搭飞机前一定要记得拿出来免得被没收！

❷ 笔记本：随手记的本子，以TN的PA本或RHODIA N11两本替换。

❸ 绘画本：旅游时才会多带的绘画本。

❹ 12色块状水彩盒：12色搪瓷小盒是在大阪美术社买的，很适合外出携带。

❺ 工程笔／钢笔／水彩笔／0.05mm防水代针笔／笔形橡皮擦：通常带出门的笔具类我会随时替换，除了能尽量用到每一支笔，也能让本子里有不同的色彩。

❻ 皮尺／直尺：这个皮尺我使用了将近十二年，直到现在依然经常用到（尤其买东西时需要对照尺寸大小）。

黑女

黑女的文具爱用品

文具就是思考的延长：

手指延长成了笔，大脑延长成了笔记本，于是一切可以被安置，被记录，被确实留存下来。此一过程不可有任何遗漏、迟滞，因此必须慎选使用的文具。大部分人生在办公室度过的工作狂如我，从不使用公司配给的文具。承受不起写下瞬间才发现断水、笔芯写起来不够滑顺流畅、颜色不够鲜明等种种不完美对于转瞬即逝的灵感带来的损耗。

符合生产效率的关键词包括规格化、统一化，囤积是一种病，抽屉里面不可没有惯用什物的备品，半打是基本配备。空白的纸面、未削的铅笔、崭新的橡皮混合出一种文具店的气味，秩序井然，繁星罗列，工作时仿佛成为宇宙的中心，书写剪贴归档成册，系统运转的日常，每一项都不可或缺。

就在寻常的每一日当中，它们被损耗、被使用，留下细微痕迹。

About

黑女

妄想拥有自由的灵魂，因此书桌永远是乱的。一不留神就会发生地层变动，太古的记忆由是被唤起。堆叠笔记本纸张各种箱盒书写工具，仿佛囤积无数珍贵而蒙尘的时光片段。近日打电玩的时间比写手账的时间还要来得更长一点。

黑女

1
工作用

1

Maruman的Croquis SQ方形大小笔记本令人上瘾，整理会议记录之余纸张还能在无聊时用来涂鸦，搭配PILOT的Frixion四色可擦笔、荧光笔和Tombow PLAY COLOR2彩色笔，会议中同步完成重点整理。

2

没有什么比得上使用铅笔记下思考过程。沙沙地书写画圈、石墨摩擦纸张纤维，需要感受手摇式削铅笔机旋转削尖的瞬间，仿佛思绪也那样变得锋锐了。

CARL Angel-5 premium
削铅笔机

uni uni-star铅笔
hi-uni铅笔
赤青铅笔

3

粘贴申请文件、账单，需要的包括不粘连的足勇剪刀、便于置放案头的A5切割垫，还有长达20m的PLUS双面胶，FUEKI固体胶强黏滑顺，有效提高作业效能。

4

不喜欢美系便利贴闪亮的颜色，粉彩系的Coco Fusen成了最佳选择。可撕贴背胶能单独取下粘贴于电脑、笔记本上，搭配油性笔标记重点不可或缺。

黑女

3 图画日记用

COPIC绘图笔有着钢笔式的笔头，笔触虽然细致却不卡纸，久不使用也不会干涸，淡茶色的墨色同时防水，搭配水笔及块状水彩就能畅快画遍旅途。

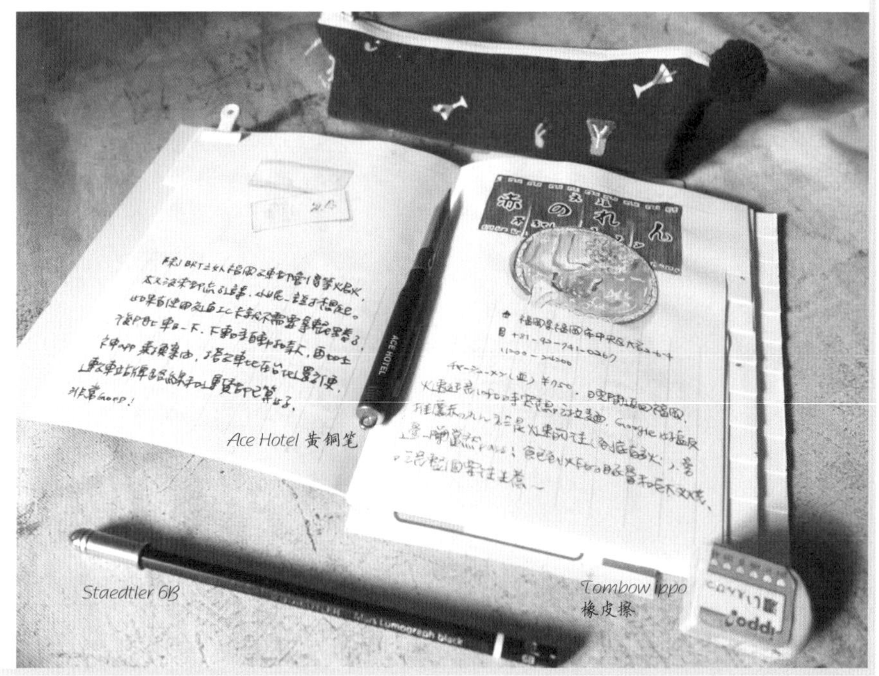

Ace Hotel黄铜笔

Staedtler 6B

Tombow ippo
橡皮擦

Ace Hotel原本的配置是原子笔，不过因为喜欢铅笔写感，改装铅笔。和Staedtler的超浓6B炭笔搭配画图时，会需要Tombow专擦浓厚墨色的ippo橡皮辅助。

黑女

| 番 | 外 | 篇 |

文具迷的包内乾坤

经过几年的断舍离，包内终于减量，手机捆绑了大部分的工作，
也因此让纸本得以带有私生活感，平日只带 SAKURA 的按压式中性笔，
浓咖啡色搭配测量野账随身笔记，堪称观测人生的绝佳组合。
假日则把工作用 HOBO WEEKS 带回家，只用黑色 0.38mm 笔记录每日工作事项，
写完了就划掉，达成感满分。

新旧不断交替：Denya的文具爱用品

对于文具热爱者来说，文具用品只会无限制地不断增加，实在不可能停留在某样商品上！但总有一些文具，能够让人愿意不断补货，一用再用。我是一个非常热爱买新文具的人，总是买的比用的多，我想大部分的读者都是这种类型的人，不过还是有一些文具是我心中无法取代的爱用文具。

About
Denya

逛文具店比逛市场多，买文具比买菜频繁，秉持着“爱文具的孩子不会变坏”的教育理念陪伴小孩长大的全职主妇。

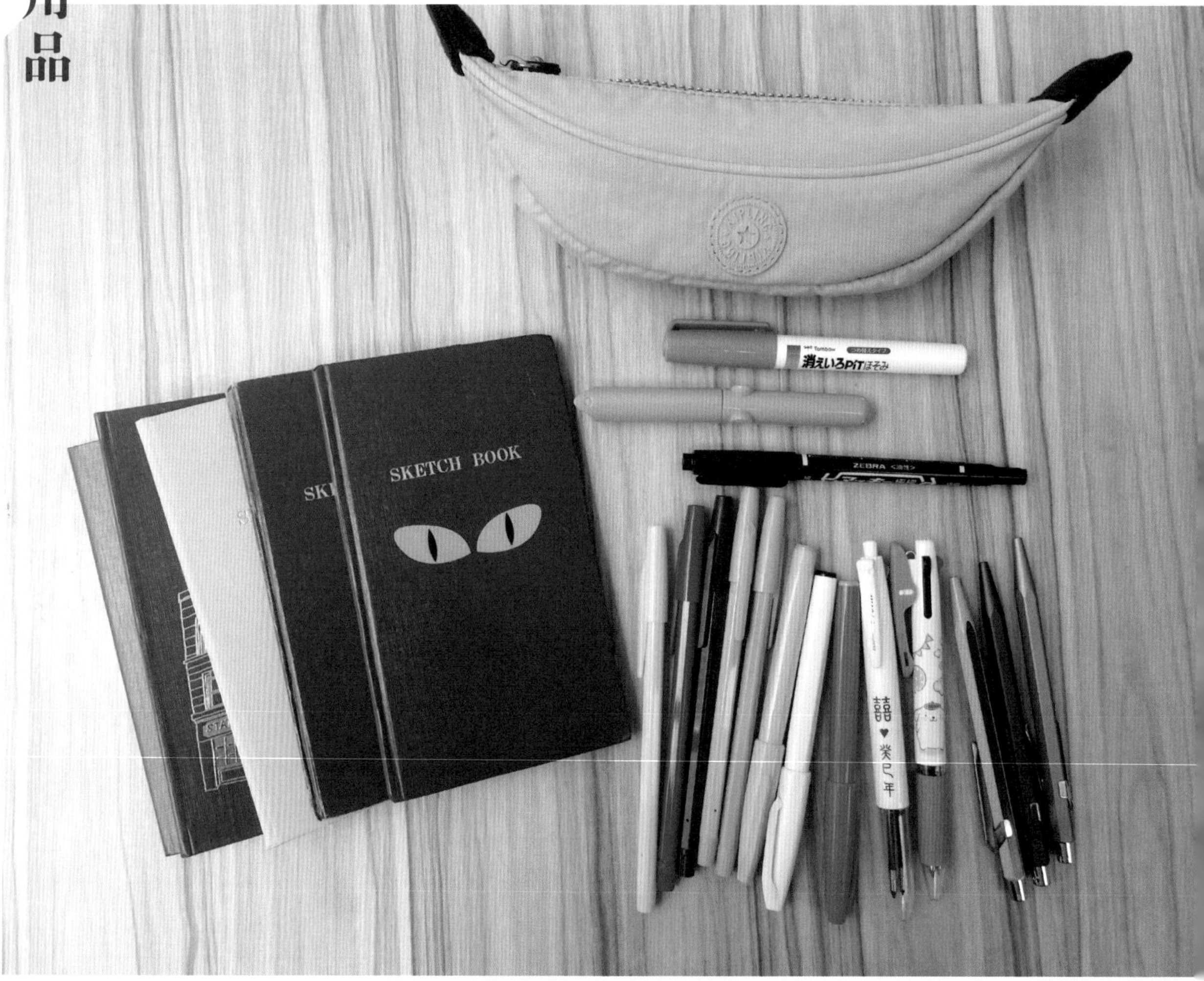

以下是一些我觉得不错的爱用品文具们，有些是经典，有些是新品，
但都很好用又顺手。

1

Pentel sign pen

若真要说，Pentel sign pen是直到日本邮局推出白色限定款后，我才真正把sign pen列入爱用品系列中。在日本杂志中很多文具访谈会看到不少人将sign pen列为必收的经典文具，虽然利百代和雄狮都有推出类似的笔款，但在我心中还是Pentel的sign pen最好用，出水适中，笔迹不易模糊，设计经典，从1963年开始到现在几乎没有变过，非常耐看。一开始只推出黑、蓝、红、绿四色，到近期才又增加了更鲜艳的四色。不过以实用度来说，因为这是水性的，使用频率不及ZEBRA的双头记号笔（MO-120-MC），因为通常我都用这一类型的笔拿来签信用卡的签名或是书写包裹寄送信息，水性容易糊，油性比较牢靠。所以现在买彩色版的sign pen居多，黑色的反而不常用了。包装是单支塑料袋的，我个人非常迷恋这种包装，因为有一种买的绝是全新的笔，不会被别人试写或是开封的感觉，所以加分。

Pentel sign pen 笔迹不易糊，经典中的经典，塑料袋单支包装是令我着迷的重点，用来标记重点很好用，不易透纸。

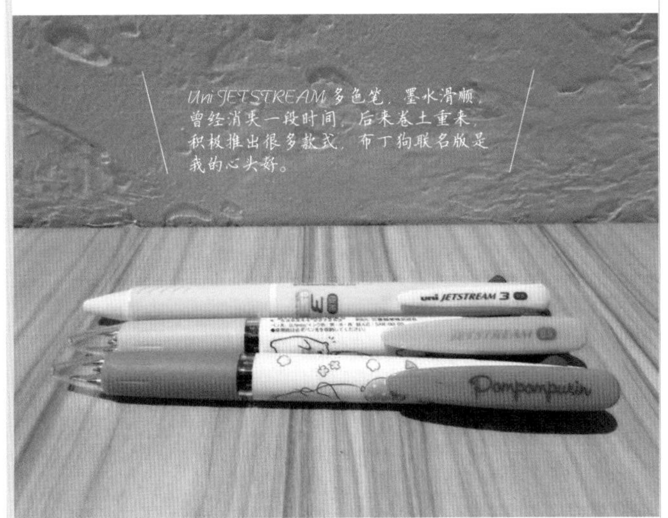

2

Uni JETSTREAM

中性笔我首推JETSTREAM（溜溜笔），滑顺，出色浓密，在我心中是第一名。发售之后曾经消失一段时间，在去年的时候开始疯狂推出联名款、限定色、新笔杆，墨水的表现更优秀，快干且字迹清晰，后来积极推出的新款式都很可爱，所以又重新回到我的爱用笔中，去年推出的触控两用笔超级好用，触控头非常精准，搭配JETSTREAM的书写用笔简直如虎添翼，完全没有缺点，一改过去触控两用笔给人原子笔都不好用的坏印象。

Denya

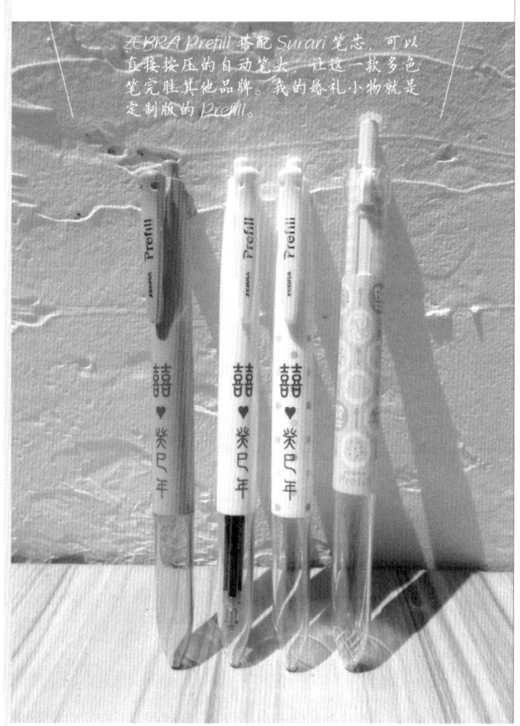

ZEBRA Prefill 搭配 Surari 笔芯，可以直接按压的自动笔头，让这一款多色笔完胜其他品牌。我的婚礼小物就是定制版的Prefill。

3

ZEBRA Prefill

多色笔一开始的天下，应该是uni的STYLE FIT，后来各家品牌都纷纷推出多色笔，但是ZEBRA的Prefill却深深捕获我心，后来还成为我的婚礼小物，深究其原因，应该是当初推出的时候其可以直接按压的自动铅笔头设计很吸引人，而且当时ZEBRA的Surari墨水取代了暂时消失的JETSTREAM，所以很快STYLE FIT就被我暂时淘汰了（不过后来因为STYLE FIT推出布丁狗联名款，就又回到我的笔袋中了）。Prefill搭载的笔芯都是ZEBRA的知名墨水，SARASA系列是它们最有名的彩色中性笔，出色稳定，颜色选择也多，我推荐的Surari墨水也有很多种颜色可选，不像其他品牌油性墨水只会开发固定使用的黑蓝红绿色！Prefill的笔杆也不会只限定迪士尼系列，会有很多有趣的品牌联名，像是摄影大师蜷川实花、Mister Donuts、31冰激凌或是不二家等，有别于其他品牌都喜欢迪士尼系的联名，Prefill的笔杆设计显得有诚意许多，比较特别，可惜这一两年有点后继无力，都没有让人觉得很惊艳的新笔杆设计了！

4

ZEBRA双头记号笔（MO-120-MC）极细双头油性笔

油性笔是一种好像觉得不常用，但其实超方便的笔款！大部分人常购入的双头记号笔是水性款，可是我个人偏爱油性款！其中也曾经变心买其他品牌的双头油性笔，但用起来的舒适度和耐用度就是没有它来得好。我觉得最大的差别是笔头的材质，它的笔头很坚硬，不容易开花，所以写起来笔迹清楚，无论是细字头或是极细头都很优异，其他品牌的油性笔很容易写一写就开花，然后写出来的字就整个糊在一起，很难辨识，它完全没有这种问题！最近还推出可以替换墨水的版本，也很方便。它还有一个吸引我的地方，和sign pen一样，就是油性笔是用塑料套单支包起来的，我对这种包装的笔具非常没有抵抗力，而且不是收缩膜包装，是要一个小袋子装着的感觉，就是觉得精致！有时还会有限定版设计，也是很吸引人。

极细双头笔：我个人偏好油性款，偶尔也有联名款，放在笔袋中拿来写包裹或是签信用卡，很实用，快干无臭，是我一直回购的必备款。

5

Tombow笔形胶

在过去随身文具还没有很盛行的时候，Tombow笔形胶简直是划时代的创意文具！轻巧的笔形造型，方便携带，放在铅笔袋或是包包里也不会觉得碍事；浅蓝色的胶体，方便判断要粘的地方，不会不小心粘到太大的范围，或是该粘的地方没粘到；笔盖式防干，保护胶体不会干掉或是粘到其他的文具用品；可替换式内胶匣，内胶匣的容量没有很多，但是替换非常方便，几乎是不粘手就可以替换；黏度佳，宽窄适中，虽然现在市面上有很多修正带式的粘贴工具，对于喜欢固体胶的人来说，Tombow笔形胶绝对值得一试。不过现在又变得不太容易买到，单价不高，但是要上网寻找一下贩卖地点了。

6

卡达849原子笔：经典的六角笔身，不易滚动，质感精致，是艺术品等级的文具，刻上自己名字的NESPRESSO联名款，对我有非常重要的意义。

卡达CARAN d'ACHE 849原子笔

卡达的849原子笔是一个经典，不变的六角外形，安静准确的按压头，滑顺的书写感，永不过时的设计感，是卡达849原子笔吸引我的地方。惯用日系中性笔墨水的人，可能会觉得卡达的墨水不够深，但是卡达的Goliath墨盒能够书写600张A4纸张的容量，对于不希望墨水太快用完的人来说，非常耐用！以前卡达曾一度退出本地市场时，我在文具店里捡到几支清仓的849原子笔，是巧克力图样和芝士图样的，以现在的眼光来看，也算是非常俏皮可爱的设计。现在的849则是有更多故事和设计感融入其中，最近推出的NESPRESSO联名款，就是使用回收胶囊的铝质制作，除了设计，更多了环保意识在其中，优雅的苍蓝色也非常有气质；前阵子的诚品联名款也非常适合文具控收藏，湖水绿的笔身，搭配文具的图样，是每个文具爱好者都一定要购入的一款；其他还有卡达百年纪念金色笔杆，都是我的心头好。卡达849原子笔之于我，除了实用，更具有收藏品的存在意义。

Denya

7

8

SKB秘书原子笔：复古的笔身，超级浓密好写的墨水，性价比极高。近年有很多复刻版和联名款，都非常值得入手。

测量野账：轻薄好写的小绿本，使用者可以自行发挥创意，设计属于自己的封面，也可以选择联名款或是限定色版本，很快就写完，非常有成就感的随身笔记本。

KOKUYO 测量野账

这本小绿本是我这一两年的心头好，1959年上市的测量野账，轻薄坚固的装订，让使用者可以随身携带，随时书写，硬挺的外皮设计，让在户外进行测量工作的工程师或是作业人员，就算没有桌面，也能轻松书写，这也是测量野账的开发初衷。推荐它的原因在于，对于笔记本从来没有用完的我来说，测量野账大概是唯一我有买入第二本、第三本的笔记本（虽然有一半是被小孩拿去画画了）……因为它一本的页数只有40张，让人很有写完的成就感。测量野账的基本款有三本，分别是LEVEL、TRANSIT和SKETCH BOOK，大家比较常见的是SKETCH BOOK这一本，我也最爱用这一本，内页说穿了就是浅蓝色方格内页，纸张滑顺，摸起来的手感很好，各式笔款在上面书写也很顺畅。市面上有很多限定款和限定色，最近入手的是2018 KOKUYO博的限定款，不变的绿色封皮搭配限定的烫金图样设计，收集这一类的测量野账，也是一种乐趣。当然偶尔也有一些限定色的封皮，像是我最爱的杧果黄还有白色、红色，KOKUYO博的粉红色等，都会激起收藏的欲望。有空时不妨上网搜寻看看，会发现很多限定设计的测量野账，或是看看测量野账的专书，会发现很多有趣的使用方法，说不定会让自己有更多灵感，更有创意地使用测量野账。唯一美中不足的地方是，本地能够买到的价格都不太亲民，让人觉得有点难入手啊！

SKB 秘书原子笔

SKB的秘书原子笔复刻以来，几乎成为在地联名的最佳选择，像是台湾大学出版中心，以及许多独立文具店，都不约而同地和SKB秘书原子笔做联名。超级复古的设计，本来觉得略显土气的笔杆造型，也在现今流行文创的风潮下，意外地也时尚起来。不过，如果只是因为这样就推荐，也太小看SKB秘书原子笔了！这一款的墨水非常滑顺，色泽浓密，如果你和我一样是个对浓墨水有偏好的人，绝对会喜欢它，无论是黑色或是蓝色，墨色上的表现都很饱和扎实。单价亲民（一支平均4元），好入手，虽然偶尔笔尖会积墨，可是这不就是复古笔具最珍贵的一部分吗？以前念书的时候总是要在桌上放一张折叠过的卫生纸，就是为了擦拭书写一段文字之后的积墨。虽然感觉像是个瑕疵，但若是真的少了这一段，似乎也就没有那么完美了。现在SKB秘书原子笔也顺势推出了不少新色笔杆，颜色都非常漂亮，绝对值得入手！可谓是性价比极高的一款日常文具（但是为什么珊瑚红的笔杆，还是搭配黑芯啊？真是令人困扰）。

KIKKERLAND鳄鱼剪刀

我必须承认，这把剪刀是因为外形吸引我！绝对不是它有多厉害！笔形剪刀那么多，非常精致和美丽可爱的也不在少数，偏偏这把鳄鱼剪刀雀屏中选，它的卡榫不是很精致，所以盖子和本体有点松，也没有强调人体工学，没有安全装置，有的就是……很可爱而已！如果想要买正宗的携带型剪刀，那还是选择始祖sun-star的STICKYLE或是后起之秀PLUS Twiggy好了！

KIKKERLAND鳄鱼剪刀：超级可爱，虽然盖子有点松，也没有安全装置，但是造型胜过千言万语。

Denya

| 番 | 外 | 篇 |

文具迷的包内乾坤

生了小孩之后，随身包包的空间都被小孩的东西占据，连文具都被迫变少了！
我使用的包包是 Le Sportsac Voyage 背包，随身携带的文具则有 Kipling 香蕉笔袋（里面的文具统一是黄白系列）、LV 手账本、爱马仕手账本、随手书写用的测量野账。

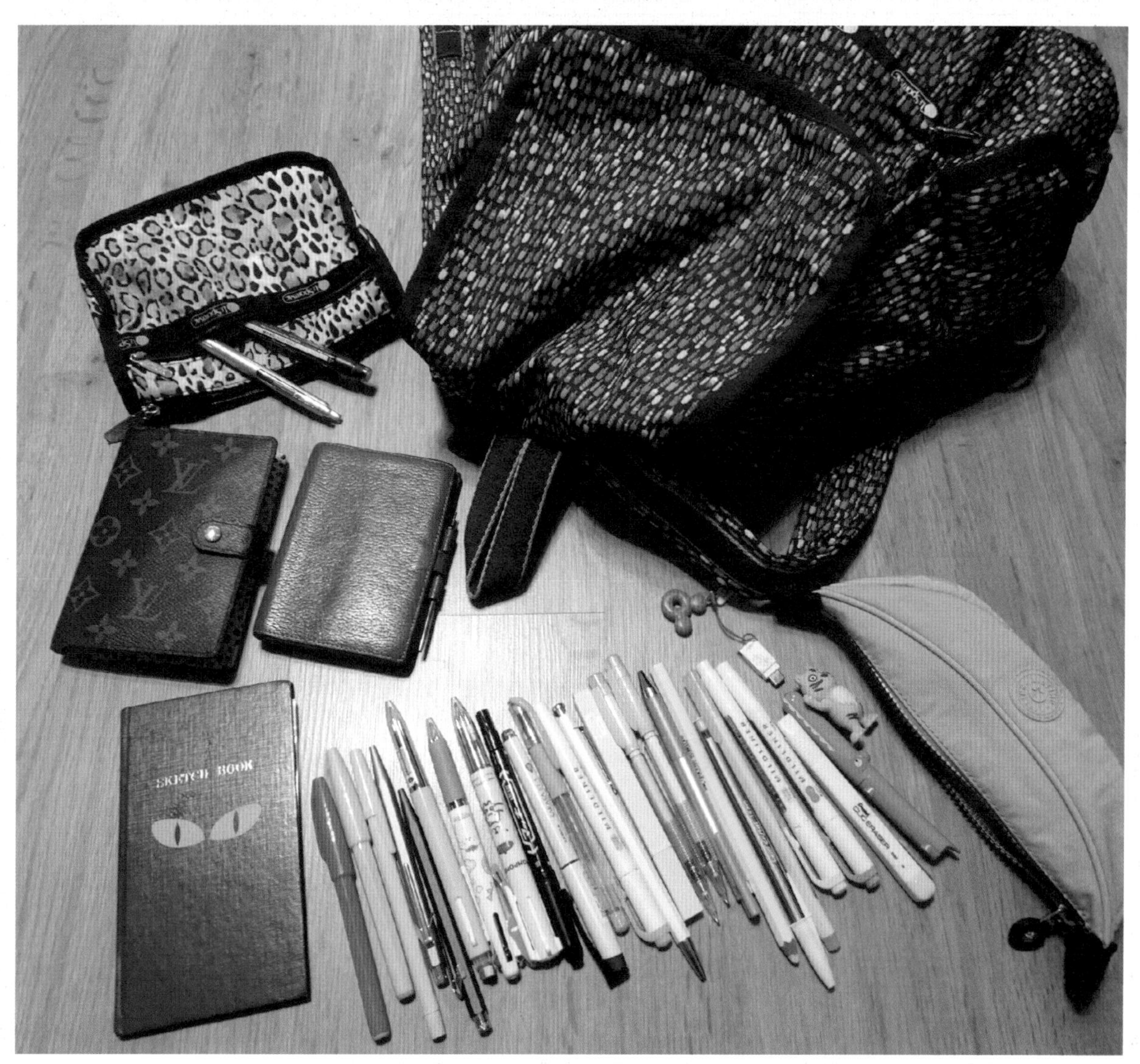

Part 03

文具迷必须注目

日本最大纸类博览会
“纸博 Paper Expo”

手 かみはくスキップきっぷ

紙博 vol.2 → 東京(浅草)

6月9日(10:00発)　(17:00着)　¥500

KM2号　自由席　大人

2018.6.9

·当日に限り有効

·区間内(4階·5階)乗降可

[ご注意] 会場内お見逃し·お買い逃し

発売:手紙社

発券:Kumpel

原来纸类也能办博览会。那是要博览些什么呢？难道是将不同材质的纸一张张铺满展场吗？实际走访一趟，才知道原来“纸博 Paper Expo”是将纸的各种运用聚集在一起的“纸祭典”，不仅有丰富的纸素材，精彩的纸创作，还有创意满点的纸用品，颠覆你对纸的刻板印象。

About

Karei Hou

出版与企划从业人员，生活道具与文具杂货的偏食症患者，长期被“日常美的生活模式”所召唤。当漫游者比当旅游者更娴熟；当读者的经历也比当编辑更丰富。

展馆内有许多小巧思，如以浅草寺为背景的拍照打卡区“Photo spot”，让人可化身为邮票主角。

“纸博 Paper Expo”盛大开展

“纸博 Paper Expo”是由在日本拥有极高人气的“手纸社”主办，2017 年首次在京都开办，短短两天内就吸引了一万人前往现场，2018 年 6 月移师东京并扩大规模举办第二届，光是参展摊位数就比首届多了一倍，包含以纸为创作媒材的插画家、制作纸类杂货的创作者、老字号的活版印刷厂及知名的文具制造商、生活杂货店、文具选品店等，让你在“纸博 Paper Expo”能看到关于纸最传统的技法与最创新的运用。

场内的参展店家，大致上可分为三大类别。第一类是最具知名度的“经典文具”，第二类是以纸素材为主的“图文创作”，第三类是将纸材延伸使用的“创新运用”。此外，现场还有各种可亲自参与实际操作体验的工作坊。

1 月光庄画材店，插画家、设计师、建筑师的首选。

2 在市场上大受欢迎的Kakimori文房具。

3 深受日本人喜爱，被称为日本国民品牌的燕子笔记本。

文具迷最爱“经典不败文具”

展馆分成两个楼层，共 91 个摊位，第一层楼的入口处是以纸张拼贴出的“纸博 Paper Expo”主题意象，第二层楼则是挂着满满的纸飞机，传递出透过纸张就能飞往任何地方的概念。

首先，就先带文具迷们来看经典文具吧！被称为日本国民品牌的燕子笔记本（Tsubame Note）创立于 1947 年，封面简约，内页纸质滑顺细致，至今仍深受许多日本人喜爱，甚至许多名人都是该品牌的爱用者。

超过百年历史的月光庄画材店是日本最早的西洋画材商，也是最先推出日本自制油画颜料的公司，从水彩、颜料、画具到自制的素描笔记本，是许多插画家、设计师、建筑师展现专业与质感品位的首选。

近年来在中国台湾大受欢迎的 Kakimori 文房具也没缺席，其最热门的“定制款笔记本”更是直接搬到展场，从封面图案、内页到装订等通通都能在现场为你定制。此外，今年台湾许多文具选品店如直物生活文具、PAPERWORK 纸本作业也受邀参展。

大异其趣的“图文创作”

第二类“图文创作”也是摊位数最多的一类，在插画家、设计师、手作达人们的巧思加持下，平凡的纸张瞬间展现出大异其趣的风格特色。像是将日常事物转化成纸创意的“paper message”，无论是可自由搭配纸馅料的“三明治卡片”，还是可组合成生活摆饰的“纸花朵”和“纸花瓶小卡”，都让人直呼“卡哇伊”，并在摊位前惊呼连连。

擅长透过纸张和光影变化进行创作的“Silhouette Books”，以立体剪裁所制作出的绘本“MOTION SILHOUETTE”，可透过光影的投射推演故事；以及采用镂空技法所制作的贺卡，只要将贺卡放在光源前方，就能创造出令人惊喜的效果。

结合活版技术和插画设计的“AUI-AŌ Desig”，所制作出的“火车杯垫（Train Coaster）”，既可以单独使用，也可以互相搭配组合出不同的铁道风景。

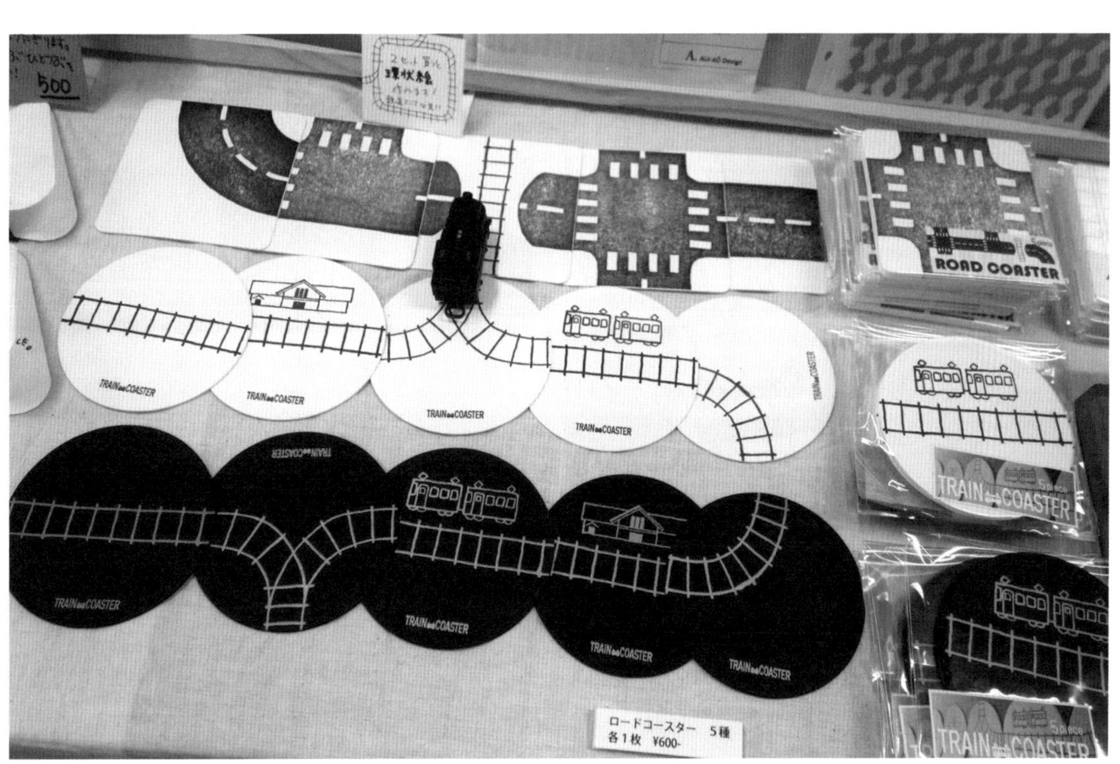

颠覆传统的“创新运用”

令人耳目一新的第三类“创新运用”中，最特别的就是“西荻 Papertry”所研发出的“纸制咖啡滤杯”，共有三种不同的造型，可透过纸制滤杯的不同涡旋纹路，创造不同的热水流速，借以萃取出咖啡的鲜明层次感与展现豆子的不同特性。

如果你以为纸只能静态地成为文具或载体，那“Papernica”肯定能出乎你的想象，他们以类似手风琴原理所打造的纸乐器，让每个大人小孩都玩得爱不释手，几乎成为展场中最热闹的一摊。

动手做出我的专属款

如果逛完展馆还有时间，也可以选择去参加期间限定的Workshop，如启文社印刷推出的“活版印刷体验”，以圆盘印刷机现场印压出自己绘制的插图与姓名；或去山本纸业特别企划的“手作便签本”，可依个人喜好选择便签纸的颜色与厚度，做出一本有自己风格的便签本；也可到以折纸商品为主的“abeyui”，和小朋友一起动手玩造型折纸。

“纸博Paper Expo”的人潮一拨接着一拨涌入，商品也陆陆续续被贴上“完售”字样。

又或是可到挂满热气球的区域，参加“写信给陌生人”的活动，把想说的话写在现场提供的小卡上，再随意放入热气球下方的吊篮，就像是瓶中信一样，随机交换一条远方陌生人的信息，或许能碰撞出什么神秘的启发。

建议明年想要赶场的文具迷们，记得提早准备入场，否则依照今年的热门程度，太晚进场的人恐怕会看到各式各样不同的纸材写着“完售”的字样。

1 loafers
2 red leaves
3 Train Tickets
4 S'mores
5 silk scarf
6 ginkgo leaf
7 Chestnut
8 lipsticks
9 taxi
10 beanie
11 Suede boots
12 pine cone
13 blush
14 Chocolate
15 Candied apple
Striped tee
17 Suitcase
18 Camera
19 METRO
20 sunglasses
21 persimmons
22 pumpkin pie
passport
24 nail polish
25 hot coffee
26 handbag
27 felt hat
28 knitting
29 portobello
30 hot tea
31 perfume
Autumn Holidays
ig @ connie99316 fb @ atelierreves

谢谢你喜欢我的创作！：D
发文的时候也请标记 # 汉克日付 #Hanksdiary
让我看看你们怎么使用日付吧！（挥手）

Design By HANK
Facebook / instagram: HanksDiary
booth.ours.tw

01 02 03 04 05 06 07 08 09
10 11 12 13 14 15 16 17 18
20 19 21 22 23 25 24 28 31
26 27 29 30
动物男子
动物女子
Design By Koopa
Facebook: Woodydiary
instagram: Bearkoopa
Booth.ours.tw

设计：Belle Shieh

创作主题：特别的日子

Instagram：belleshieh

图书在版编目（CIP）数据

文具手帖 ：偶尔相见特刊. 手账好搭档 ：日付 / 汉克等著. — 石家庄 ：花山文艺出版社，2020.7
ISBN 978-7-5511-2336-5

Ⅰ. ①文… Ⅱ. ①汉… Ⅲ. ①文具－设计 Ⅳ. ①TS951

中国版本图书馆CIP数据核字（2020）第003652号

本作品经北京阅享国际文化传媒有限公司代理，由野人文化股份有限公司授权在中国大陆独家出版、发行中文简体版。
版权登记号：冀图登字：03-2019-117

书　　名：文具手帖：偶尔相见特刊. 手账好搭档：日付
WENJU SHOUTIE OUER XIANGJIAN TEKAN SHOUZHANG HAODADANG RIFU

著　　者：汉克 等

责任编辑：刘燕军
责任校对：李　伟
美术编辑：胡彤亮
出版发行：花山文艺出版社（邮政编码：050061）
（河北省石家庄市友谊北大街330号）
销售热线：0311-88643221/29/31/32/26
传　　真：0311-88643225
印　　刷：天津市豪迈印务有限公司
经　　销：新华书店
开　　本：787×1092　1/16
印　　张：8.75
字　　数：100千字
版　　次：2020年7月第1版
2020年7月第1次印刷
书　　号：ISBN 978-7-5511-2336-5
定　　价：48.00元